○ 香料饮料作物品种资源与栽培利用系列丛书

# 香露兜
## 资源与栽培利用

鱼 欢　秦晓威　吉训志◎主编

中国农业出版社
北 京

**图书在版编目（CIP）数据**

香露兜资源与栽培利用/鱼欢，秦晓威，吉训志主编. —北京：中国农业出版社，2023.11
ISBN 978-7-109-31338-5

Ⅰ.①香…　Ⅱ.①鱼…②秦…③吉…　Ⅲ.①香料植物–植物资源②香料植物–栽培技术③香料植物–综合利用　Ⅳ.①Q949.97②S573

中国国家版本馆CIP数据核字（2023）第212146号

中国农业出版社出版
地址：北京市朝阳区麦子店街18号楼
邮编：100125
责任编辑：石飞华
版式设计：杨　婧　责任校对：吴丽婷　责任印制：王　宏
印刷：北京中科印刷有限公司
版次：2023年11月第1版
印次：2023年11月北京第1次印刷
发行：新华书店北京发行所
开本：700mm×1000mm　1/16
印张：13.25
字数：230千字
定价：130.00元

香料饮料作物品种资源与栽培利用系列丛书

# ···编委会···

# 编著者名单

**主　编**　鱼　欢　秦晓威　吉训志

**副主编**　贺书珍　张　昂　邓文明　初　众

**编著者**（按姓氏音序排列）

初　众　邓文明　苟亚峰　郝朝运

贺书珍　胡荣锁　吉训志　秦晓威

谭乐和　唐　冰　王　辉　吴　刚

闫　露　鱼　欢　张　昂　张映萍

郑何美　钟大玲　宗　迎

# Foreword 前言

　　香露兜（*Pandanus amaryllifolius* Roxb.）俗称斑兰叶，又名斑斓叶、香兰叶、板兰香、七叶兰、碧血树等，是露兜树科（Pandanaceae）露兜树属（*Pandanus*）多年生园艺作物，是露兜树属中叶片具有芳香气味的植物，具有"东方香草"之美誉。香露兜起源于印度尼西亚东北部的马鲁古群岛，主要分布在印度尼西亚、马来西亚、泰国、新加坡、斯里兰卡、印度、越南、巴布亚新几内亚与菲律宾等热带国家。我国香露兜是由归国华侨于20世纪50年代从印度尼西亚引进海南种植的，目前仍主要集中在海南种植，云南、广东、广西、福建、台湾等省（自治区）也有少量种植。

　　香露兜叶片天然散发粽香香气，且富含角鲨烯、叶绿醇、甾醇等活性成分，具有增强细胞活力、加快新陈代谢、提高人体免疫力等作用，是一种纯天然食品香料。

　　香露兜特色鲜明、用途广泛、生产潜力大、产品种类多、附加值高、文化内涵丰富，符合绿色、健康、优质消费新理念，具有好种植、好管理、好采收、好加工、市场前景好、生态效益好"六个好"特点，经济价值高，一次种植多年受益，是经济林下种植的优势作物。香露兜已发展成为海南富民特色产业，在乡村振兴中发挥积极作用。

　　我国香露兜研究尚处于起步阶段，为推进我国香露兜产业健康可持续发展，中国热带农业科学院香料饮料研究所（以下简称：香饮所）正致力于香露兜种质资源收集与保存、鉴定评价与创新利用、优良种苗繁育、高效栽培、病虫害防控及产品加工等全产业链技术研究与应用。通过全产业链顶层设计，选育出"粽香斑兰"优良无性系，攻克"优良种苗工厂化组培繁育""林下种植香露兜""香露兜粉保色留香"等关键技术难题，研发了经济林下复合栽培香

1

露兜高效种植模式，为产业发展提供了理论基础和技术支撑。为了使我国从事香露兜产业的科技工作者、企事业单位人员、广大农户等更好地了解并在工作中不断集成创新我国香露兜产业的生产技术，我们编著出版本书。《香露兜资源与栽培利用》的撰写出版，是在国内外研究成果基础上，香饮所最新研究成果及生产实践的总结，对加快我国香露兜产业科技进步及可持续发展具有重要指导作用。

本书全面、科学、简明地介绍了香露兜的起源、传播、生物学特性、气候环境要求、种苗繁育、种植管理、病虫害防治、采收、加工、成分与用途、产业发展前景等内容，使读者在了解香露兜的同时，掌握香露兜栽培与利用技术，更好地推动热带新兴作物香露兜产业健康持续发展。

本书的编著和出版，得到海南省热带香辛饮料作物遗传改良与品质调控重点实验室、农业农村部香辛饮料作物遗传资源利用重点实验室、国家热带植物种质资源库、海南省张福锁院士团队创新中心等科技平台，以及海南省重点研发计划"斑兰叶保色留香加工关键技术研发与应用"等项目经费资助。

本书编写过程中得到海南、云南、广东、福建等地香露兜行业的科研、教学、企事业单位广大科教工作者及一线生产技术人员、广大农户的大力支持，在此谨致诚挚的谢意！受作者学术水平及能力限制，书中难免有错漏及不妥之处，期待行业同仁批评指正。

编著者
2023年2月

# CONTENTS 目录

# 第一章 概 述

## 第一节 香露兜起源与传播

香露兜，拉丁学名 *Pandanus amaryllifolius* Roxb.，英文名 pandan，俗称斑兰叶，又名斑斓叶、香兰叶、板兰香、七叶兰、碧血树等。香露兜是露兜树科（Pandanaceae）露兜树属（*Pandanus*）多年生热带常绿园艺作物，具有"东方香草"之美誉。

### 一、露兜树科植物起源与传播

露兜树科植物是古热带植物。据史料记载，露兜树科植物起源于中生代后期（距今约1.45亿年至6 500万年）的冈瓦纳古陆。随后，冈瓦纳古陆逐渐解体，分裂为南美洲、非洲、印度、马达加斯加、澳大利亚和南极洲，逐渐移动到接近现在的位置。在中生代后期的晚白垩纪时期（距今约1亿年至6 500万年），露兜树科植物从冈瓦纳东部经亚洲和澳大利亚，再经马来群岛迁移，到达马达加斯加和塞舌尔群岛。因此，现在非洲西部大量非洲特有的露兜树属物种，正是那个时期迁移来的。

### 二、露兜树科植物资源

#### 1.国外露兜树科植物资源

露兜树科包括藤露兜属（*Freycinetia*）、露兜树属（*Pandanus*）、巨露兜树属（*Sararanga*）、矮露兜树属（*Benstonea*）和对柱露兜属（*Martellidendron*）5个属。其中露兜树属原产于古热带大陆和西太平洋岛屿，在全球分布最广，广泛分布在东半球的热带地区，从西非向东贯穿热带地区到太平洋岛屿，菲律宾、新几内亚岛、非洲、所罗门群岛、马来西亚、泰国、加里曼丹岛、新喀里多尼亚、澳大利亚、印度、圣多美岛、中国等国家和地区均有分布。露兜树属有600～700种，既包括1米以下的小型灌木，也有20米高的中型乔木。不同国家和地区，露兜树属植物种类和数量存在差异。泰国有24种露兜树属植物，马来西亚约有50种，印度有36种，加里曼丹岛有50多种，菲律宾有50多种，新几内亚岛有70多种，新喀里多尼亚约有20种，澳大利亚有20多种。印度洋地区和中国海南等地都有1个或者几个地方特有种；圣多美岛有1个单一种；马达加斯加是露兜树属地方特有种的中心区域，大约有85个地方特有种；所罗门群岛有28个地方特有种。

### 2.我国露兜树科植物资源

目前我国露兜树科植物有藤露兜属（*Freycinetia*）和露兜树属（*Pandanus*）2属。其中露兜树属植物12种，分别为香露兜（*Pandanus amaryllifolius*）、露兜草（*P. austrosinensis*）、露兜树（*P. tectorius*）、红刺露兜（*P. utilis*）、小笠原露兜树（*P. boninensis*）、簕古子（*P. forceps*）、分叉露兜（*P. furcatus*）、小露兜（*P. gressittii*）、大叶露兜（*P. sp.*）、斑叶禾叶露兜（*P. pygmaeus* 'Variegatus'）、银边露兜（*P. pygmaeus*）、金边露兜（*P. pygmaeus* 'Golden Pygmy'），主要分布在北纬16°～25°（西藏南部可达北纬28°），东起台湾、福建一带，南沿广东、海南、广西、云南和西藏等省（自治区）边境线，西达西藏南部热带季雨林、雨林带，北至云南腾冲、贵州荔波、广西阳朔、福建厦门等热带或亚热带地区，大多数为海岸或沼泽植物，在我国多散生于热带至南亚热带林中，为东半球热带特征植物。

香露兜、露兜草、露兜树、红刺露兜、大叶露兜、斑叶禾叶露兜、银边露兜、金边露兜等8种露兜树属植物具有较高的药用和园艺观赏价值。如香露兜是一种传统的食用香料，在我国南方有广泛的种植和食用历史，叶有粽香，其特征香气组分为2-乙酰基-1-吡咯啉（2-acetyl-1-pyrroline，简称2AP），2AP具有典型的香稻风味。香露兜被认为是获取2AP最佳的天然原料之一。大叶露兜也具有和香露兜类似的风味，且树形较大。露兜树的根与果实可入药，有治感冒发热、肾炎、水肿、腰腿痛、疝气痛等功效，其鲜花中的白色苞片含有浓烈的玫瑰香味，是很好的兴奋剂和抗菌剂。此外，斑叶禾叶露兜、银边露兜和金边露兜的叶片和生长形态具有较高的绿化观赏价值。

经检测，8种露兜树属样品中共检出83种挥发性组分。化合物种类最多的是银边露兜（50种），最少的为露兜草（34种）。其他种类化合物数量相似，如露兜树46种、金边露兜42种、斑叶禾叶露兜41种、大叶露兜42种、红刺露兜40种、香露兜39种。经检测，8种样品挥发性组分含量依次为：银边露兜58.21毫克/克，红刺露兜56.13毫克/克，露兜树46.45毫克/克，金边露兜42.22毫克/克，斑叶禾叶露兜40.03毫克/克，大叶露兜38.52毫克/克，香露兜37.25毫克/克，露兜草31.33毫克/克（图1-1）。由此可见，银边露兜的挥发性组分种类最多、含量也最高，而露兜草含量和种类均最少。

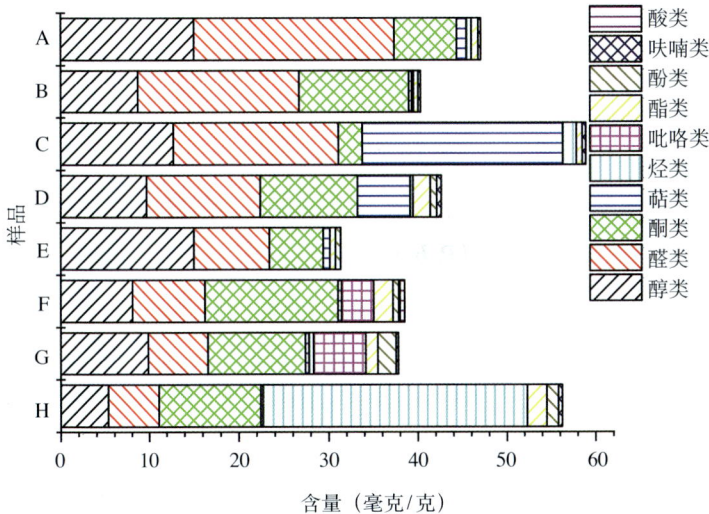

图1-1 8种露兜树属样品挥发性风味组分分类图
A.露兜树 B.斑叶禾叶露兜 C.银边露兜 D.金边露兜 E.露兜草 F.大叶露兜
G.香露兜 H.红刺露兜

醛类、醇类和酮类是露兜树属植物的特征类别组分，在8种露兜树属植物中含量百分比均较高，特别是露兜树（94.26±0.24）%、斑叶禾叶露兜（93.71±0.40）%和露兜草（93.87±0.24）%，其次为大叶露兜（80.93±0.92）%、金边露兜（77.87±0.92）%和香露兜（72.45±0.72）%，相对低一些的是银边露兜（57.37±1.77）%和红刺露兜（39.35±4.57）%。除特征类别组分外，部分露兜树属植物还具有独特的组分类别，如红刺露兜中烯烃占总含量的（53.13±3.79）%，银边露兜中萜烯占总含量的（38.21±1.91）%。研究发现，在香露兜和大叶露兜中均检测出2AP。

3

### 3.露兜树科植物资源考察与利用

近年来，香饮所科研人员赴毛里求斯、马达加斯加、萨摩亚、斯里兰卡、科特迪瓦等国家以及中国西双版纳、西藏等地进行资源考察，发现露兜树科植物资源作为景观利用具有独特的优势（图1-2至图1-4）。

图1-2　露兜树科植物资源考察（一）

图1-3　露兜树科植物资源考察（二）

图1-4 露兜树科植物景观利用

## 三、香露兜起源与分布

　　香露兜起源于印度尼西亚东北部的马鲁古群岛，经传播现主要分布在印度尼西亚、马来西亚、泰国、新加坡、斯里兰卡、印度、越南、巴布亚新几内亚、中国与菲律宾等国家和地区。香露兜在不同国家、不同语种中的叫法不同：印度尼西亚语称之为 Duan Pandan，也叫 Panda；马来西亚语称之为 Pandan Rampeh 或 Pandan Wangi；泰语称之为 Baitoey 或 Toeyhom；柬埔寨语称之为 Taey；老挝语称之为 Tey Ban、Teyhom；越南语称之为 Duathom；英语称之为 Pandan；法语称之为 Pandanus；德语称之为 Schraubenpalme；意大利语称之为 Pandano；葡萄牙语和西班牙语称之为 Pandano；汉语称之为斑兰叶，中国傣语称之为过金欢。

　　香露兜有着悠久的栽培历史。通常种植在低林区、热带草原和潮湿的海岸线地区。它们有时被称为螺旋松，因为它们又长又平的叶子呈螺旋状生长。在印度尼西亚、泰国、马来西亚等东南亚国家以及巴布亚新几内亚的部分地区，香露兜可以作为观赏植物在盆中或在花园等处种植（图1-5至图1-15）。

　　中国香露兜引种历史相对较短，20世纪50年代由归国华侨从印度尼西亚引入我国海南的万宁、儋州等地种植，主要在房前屋后、庭院、溪边等生境中种植。据馆藏标本资料显示，1953年我国植物学家在海南科考时，就已在

8

图1-5　印度尼西亚雅加达居民阳台上种植的香露兜

图1-6　印度尼西亚林下种植的香露兜

图1-7　新加坡滨海湾花园种植香露兜作为景观带（一）

图1-8　新加坡滨海湾花园种植香露兜作为景观带（二）

图1-9　马来西亚油棕林下种植的香露兜

图1-10　马来西亚雪兰莪州荫棚下种植的香露兜

图1-11　马来西亚雪兰莪州种植香露兜作为景观带

图1-12　泰国清莱观赏温棚内种植的香露兜

图1-13　泰国清迈围墙边种植的香露兜

图1-14　印度槟榔林下种植的香露兜

图1-15　印度林下种植的香露兜

万宁、海口等地采集到香露兜植物标本，记录着"栽培作物及其生长环境"信息。海南成为我国香露兜产业的发源地。据《中国植物志》《中国热带雨林地区植物图鉴》《海南植物》《海南植物图志》《海南植物名录》等图书资料记载，20世纪80年代海南万宁兴隆华侨农场和儋县华南热带作物研究院（今中国热带农业科学院儋州院区）等地种植有香露兜。海南饮食文化资料《海南万宁美食护照》《万宁美食词典》《大美万宁》等，均详细记载了海南人日常生活中丰富的香露兜饮食利用文化。目前，我国南方已有丰富的香露兜传统利用文化，多以南洋文化为载体，以民间综合利用模式为主，在特色餐饮、观赏园艺、休闲旅游等行业利用传播。中国香露兜种植主产区在海南（图1-16）。云南、广东、广西、福建、台湾等地也有香露兜种植，主要以观赏展示为主，规模化种植较少（图1-17至图1-22）。

图1-16 海南万宁市槟榔林下种植的香露兜

图1-17　广东广州市棚内种植的香露兜

图1-18　广东台山市海宴镇种植的香露兜

图1-19 云南西双版纳种植香露兜作为景观

图1-20 云南西双版纳橡胶林下种植的香露兜

图1-21　云南泸水市种植的香露兜

图1-22　台湾花莲县种植香露兜作为景观

# 第二节  香露兜生产与消费现状

## 一、世界香露兜生产与消费现状

香露兜是热带草本多年生香料植物，目前主要分布在亚洲、非洲和大洋洲，主产国有印度尼西亚、马来西亚、新加坡、泰国、斯里兰卡、中国、印度、越南、巴布亚新几内亚与菲律宾等。年产鲜叶约400万吨，其中东南亚占80%以上。据 *Food Plants of the World*、*Handbook of Herbs and Spices*、*Flavor Chemistry of Ethnic Foods* 等图书资料记载，香露兜广泛应用于食品、饮料等领域，被誉为"东方香草"。在东南亚以及南亚居民的屋前院内，都会种植香露兜，常被用来制作米饭、菜肴、糕点、饮料、糖果等。香露兜作为食品原料在国际市场上流通和消费，衍生出世界知名的"新加坡斑兰戚风蛋糕""马来西亚斑兰千层糕""印度尼西亚斑兰椰丝卷""泰国斑兰椰汁沙冰"等美食，是南亚及东南亚国家百姓日常生活的必备品，目前也已经应用到欧美发达国家餐饮和日化市场（图1-23至图1-25）。

图1-23  斑兰戚风蛋糕

图1-24  斑兰千层糕

图1-25  斑兰椰丝卷

## 二、中国香露兜生产与消费现状

中国引种栽培香露兜已有近70年的历史，最早于20世纪50年代初引入海南试种。虽是舶来品，利用历史也不长，但香露兜已成为海南人饮食文化的一部分，文化内涵丰富。最初归国华侨利用香露兜叶片制作米饭、七层糕、斑兰卷、斑兰鸡、角滑、香叶排骨、香叶烤鱼等极具南洋风情的香露兜特色美食，逐渐香露兜叶片被用来制作斑兰椰子汁、斑兰柠檬水、斑兰咖啡、斑兰冰激凌、斑兰粽子、斑兰月饼等具有中国特色的饮料和美食。利用香露兜制作的美食甘甜爽口、清香怡人，使人心旷神怡、流连忘返。目前香露兜美食已经成为海南当地百姓的消费新潮和休闲旅游的特色品牌。随后香露兜逐渐在云南西双版纳、广东台山、广东广州、福建漳州、台湾等地种植。海南是我国香露兜的优势产区和主产区，万宁、琼海、儋州、海口、陵水、琼中、三亚、文昌、保亭、定安、乐东等地均有香露兜种植，种植面积达2 000多公顷。

长期以来，我国香露兜以民间种植和应用为主，未进行系统研究与开发应用。为了推动香露兜产业健康可持续发展，21世纪初，香饮所组建研究团队开展香露兜种质资源收集评价、品种培育、优良种苗繁育、栽培技术、产品加工技术研发等全产业链科技攻关，选育出具有香气浓、抗性强、产量高等特点的优良无性系"粽香斑兰"（图1-26）；研发了"香露兜分蘖苗无性繁殖技术"，

图1-26　"粽香斑兰"优良无性系

19

提高了种苗一致性与繁育效率；攻克了"香露兜高通量种苗繁育技术"，获授权国家发明专利"一种斑兰叶种苗的高通量繁育方法"（ZL202010100076.7）和"一种提高斑兰叶组培苗移栽成活率与香味的方法"（ZL202210514005.0），种苗繁殖效率提高100倍以上，为香露兜产业规模化发展奠定了种苗基础；总结形成了综合效益较好的槟榔、椰子、橡胶等林下间作香露兜种植模式；利用海南产香露兜原料研发了"香露兜制品及其制备加工技术"，获授权国家发明专利"一种斑兰叶制品及其制备方法"（ZL202010092512.0）、"一种斑兰叶挥发性提取物及其制备方法、应用"（ZL2021105275588.6）。其中，开发的"冻干香露兜粉"，能有效地保护香露兜天然绿色和香气，解决了鲜叶不耐储运、风味和色泽难以保持、使用工艺繁琐、综合利用率不高等问题，以科技促进香露兜产业在中国的发展（图1-27）。

图1-27　冻干香露兜粉

香露兜经济价值高，一次种植多年受益，是经济林下种植的优势作物。种植香露兜不仅可以增加林下经济效益，减轻林产品价格波动对老百姓收益的影响，而且可以产生显著的生态效益和社会效益，深受老百姓喜爱，在海南全岛均可发展种植。作为一种天然食品原料，香露兜满足了人民对美好生活的向往以及对健康美食的追求。在60多年海南香露兜利用文化的带动影响下，随着我国消费升级契机的到来，香露兜受到越来越多的地方政府、企业和市场的关注与追捧。在市场需求的推动下，作为一种"海南味"很足的特色香料作物，香露兜种植面积将持续增加。目前香露兜种植、加工、销售全产业链已基本形成，产业发展势如破竹，有望发展成为海南特色高效农业产业和农业转型升级的"支点型"产业。

# Chapter 2

# 第二章　香露兜生物学特性

　　香露兜为多年生热带常绿草本植物，植株生长高度通常为50～150厘米（图2-1）。地上茎分枝，以叶片生长为主。叶片淡绿色、中绿色或深绿色，长剑形，具有特殊香气——粽香，主要香气成分为2AP。花果极为少见。香露兜的经济寿命与自然环境和抚育管理水平有关，一般可达15年以上。在常规栽培条件下，植后10～12个月即可收割叶片，2～3年进入盛产期。

图2-1　香露兜植株（林民富绘制）

# 第一节　形态特征

## 一、根

　　香露兜的根分为地下根和气生根（图2-2、图2-3）。生产上香露兜主要采用分蘖插条苗种植。插条繁殖的植株地下根无真正的主根，根系包括骨干根、侧根和吸收根。骨干根由气生根及切口根生长发育而成，骨干根长出侧根，侧根上有细小的吸收根。香露兜根系发达，吸收根较多，因此可以种植在水位较高的地方。气生根主要着生于茎上，起支撑作用。

图2-2　香露兜地下根

图2-3　香露兜气生根

## 二、茎

香露兜茎绿色，茎粗1～5厘米（图2-4）。茎上着生叶，叶片脱落后茎上有环状叶痕。生长初期茎直立，通常高度为50～150厘米。随着生长年限增长和受生长环境影响，茎逐渐倒伏，匍匐在地上。匍匐在地上的茎会着生气生根，分蘖萌发小苗（图2-5）。香露兜茎可无限生长。

图2-4　香露兜茎（直立）

图2-5　香露兜匍匐茎

23

# 三、叶

香露兜叶片呈螺旋状向上生长，叶片淡绿色、中绿色或深绿色，新抽生叶片为淡绿色，逐渐转为中绿色或深绿色（图2-6）。叶片长剑形，叶缘偶见微刺，叶尖刺稍密，叶背面先端有微刺，叶鞘有窄白膜。叶片长30～100厘米，宽2～5厘米，单叶重3～10克。叶片无限抽生，无限生长。香露兜叶脉为平行叶脉，有一条明显的主脉。叶片中间凹陷，横切面呈V形（图2-7至2-8）。

图2-6　香露兜叶片螺旋状生长

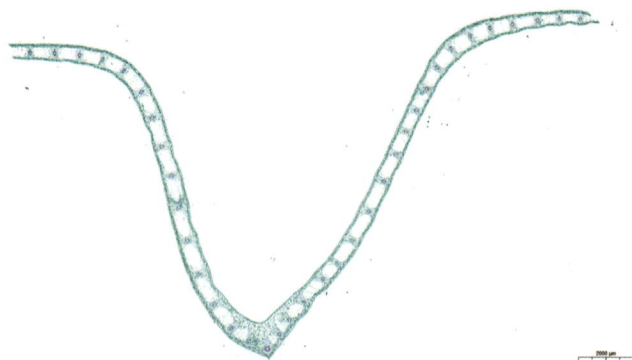

图2-7　香露兜叶横切面（V形）

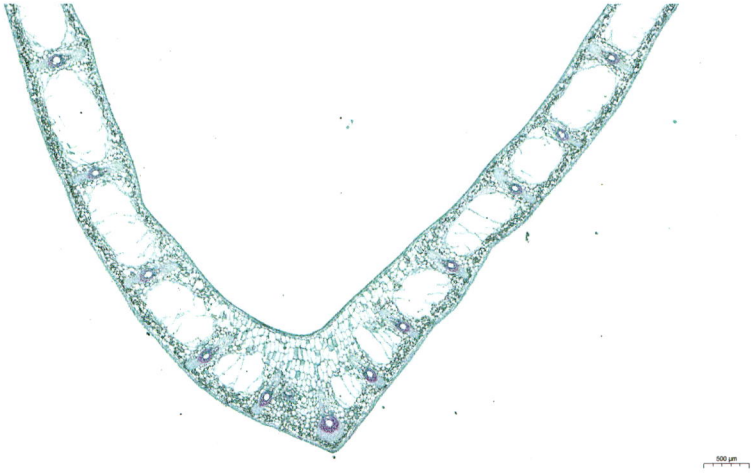

图2-8　香露兜叶横切面结构

## 第二节　气候环境要求

香露兜是一种典型的热带多年生常绿草本植物，生长发育地区仅限于热带和南亚热带。其生长受各种环境因素影响，其中主要影响因素包括地形、土壤和气候等。

### 一、地形条件

每一种植物都需要有一定的生态条件，包括海拔、气温、光照及湿度等环境因子。受地形影响，海拔越高，温度越低。海拔每升高100米，年平均气温下降0.6℃左右，昼夜温差随之增大。

香露兜对地形的选择不严格，平地、山坡地、丘陵地、低洼地均可以种植。在原产地，香露兜通常种植在热带低林区、热带草原、潮湿的海岸线地区以及房前屋后和庭院中，以1～400米低海拔地区为比较理想的种植地。香露兜也可以适应高海拔地区。在云南西双版纳海拔600米的潮湿地区，香露兜也能正常生长。在海南，香露兜主要种植在万宁、琼海、文昌、陵水、儋州等低海拔地区，以槟榔、橡胶、椰子等海南"三棵树"及菠萝蜜、香蕉等林下种植为主，也可在房前屋后、溪边、鱼塘边种植。

## 二、土壤条件

香露兜对土壤要求不是非常严格，甚至在土壤遭受严重破坏的条件下，仍然能够存活生长，但它抗旱能力较差。香露兜生长的理想土壤是土质疏松、土层深厚肥沃、保水力强、排水良好的轻质沙壤土。在海南，红壤或砖红壤土地适宜种植香露兜。

香露兜适宜在pH 5.5 ~ 7.5的土壤中种植，耐轻度盐碱和酸性土壤，以pH 6 ~ 7的土壤最为适宜（图2-9）。土壤pH一定程度上会影响土壤养分间的平衡、养分吸收及香露兜生长。种植香露兜时，可使用pH检测仪测定土壤酸碱度。如果种植区土壤pH在5.5以下（即酸性土），可在土壤中增施生石灰，中和土壤酸度，使土壤达到香露兜适宜种植的pH范围。

图2-9 不同程度盐碱地土壤种植香露兜情况
（从左到右土壤含盐量依次为1.6%、1.2%、0.8%、0.4%、0%）

## 三、气候条件

香露兜是典型的热带雨林下的低层植物,喜高温湿润气候,耐高温不耐寒、抗涝不耐旱、耐荫蔽不耐晒。香露兜的生长过程受温度、降水量、光照等气候条件影响。

### 1.温度

温度是香露兜生长和分布的主要限制因素。目前世界范围内香露兜主要分布在南纬20°与北纬20°之间,年平均温度在25 ~ 29℃,月平均温差不超过3 ~ 7℃。从我国香露兜种植情况来看,年平均温度在21℃以上的无霜地区均可以种植,但以年平均温度25 ~ 28℃的地区最为适宜。温度过低不利于香露兜的生长,温度低时香露兜嫩叶会逐渐出现干枯症状,严重时整株干枯。2018年12月底至2019年1月初,广东省广州市温度低于10℃且持续长达半个多月,导致当地种植的香露兜遭受严重的寒害,叶片枯萎(图2-10)。2021年1月,海南遭遇低温寡照天气,气温低且持续时间长,香露兜叶片遭受轻微寒害,叶尖枯萎(图2-11至图2-13)。

图2-10　低温造成香露兜叶片损害(广东省广州市花都区)

图2-11　低温造成香露兜叶尖损害（海南省琼海市大路镇香饮所试验基地）

图2-12　低温造成香露兜种苗叶尖损害（海南省文昌市重兴镇香露兜育苗基地）

图2-13　低温造成香露兜幼苗植株损害（海南省儋州市中国热带农业科学院试验农场）

## 2.降水量

香露兜生长过程中需要充足的水分，以年降水量1 500 ～ 2 500毫米且分布均匀、土壤田间最大持水量30% ～ 80%为宜。干旱会导致香露兜生长缓慢，下部老叶逐渐出现干枯甚至整株死亡（图2-14、图2-15）。土壤田间最大持水量低于30%时，香露兜生长缓慢，应及时灌溉。高温干旱时，轻者叶片出现干枯，严重者整株干枯甚至死亡。在降水量少的地区，种植香露兜前一定要做好灌溉设施建设，以满足香露兜生长过程中的水分需求。

图2-14　干旱造成香露兜老叶干枯

图2-15　严重干旱造成香露兜整株干枯

### 3.光照与遮阴

香露兜光饱和度低，仅为550 ～ 600微摩/（米²·秒）。因此，香露兜适宜在一定荫蔽条件下生长，以荫蔽度30%～ 60%为宜（图2-16、图2-17）。在适宜荫蔽条件下，香露兜光合作用强，长势好，2AP、角鲨烯、叶绿醇等主要香气成分含量高（图2-18）。尤其在香露兜幼苗阶段应避免强烈光照直射。在全光照条件下，香露兜光合作用减弱，生长受到抑制，生长缓慢，长势差，分蘖多（图2-19）。荫蔽度达到90%以上的过度荫蔽环境中，香露兜光合作用同样减弱，生长缓慢，分蘖少。因此，生产上种植香露兜时要适度遮阴，建议在槟榔、椰子、橡胶、菠萝蜜、面包果、油棕、香蕉、可可等林下种植。

图2-16　不同荫蔽度条件下香露兜长势
（从左到右荫蔽度依次为0%、30%、60%、90%）

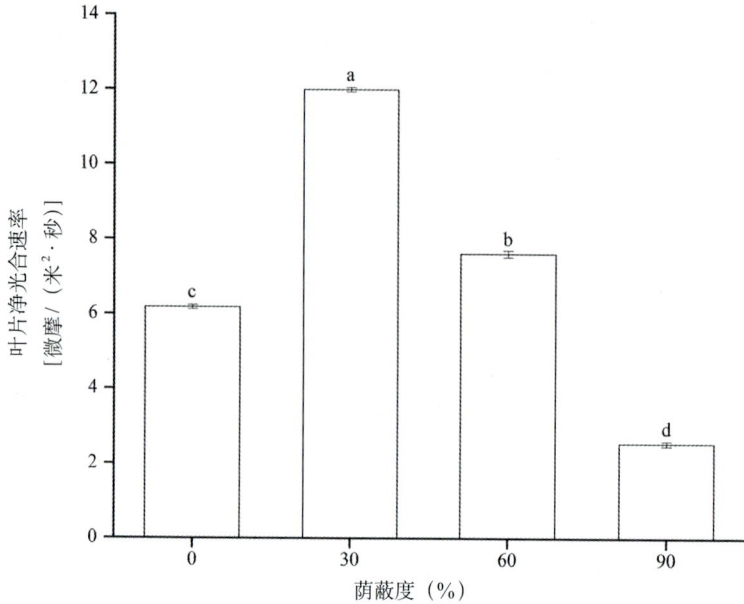

图2-17　不同荫蔽度条件下香露兜叶片净光合速率
注：图中不同小写字母表示处理间的差异显著性水平（$P<0.05$）。

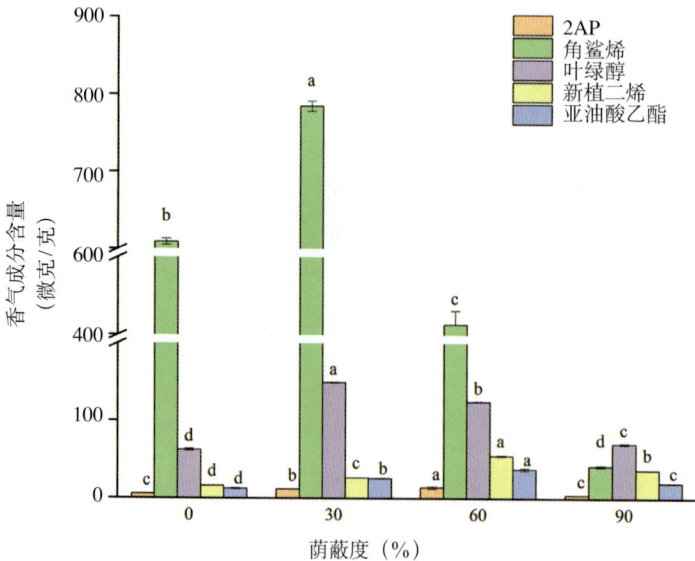

图2-18　不同荫蔽度条件下香露兜叶片主要香气成分含量
注：图中不同小写字母表示处理间的差异显著性水平（$P<0.05$）。

图2-19　香露兜在无遮阴条件下长势差

　　以槟榔林下间作香露兜模式为例。间作后提高了香露兜叶片光合速率，降低了香露兜叶片温度，槟榔间作为香露兜提供的遮阴效果能减少高温对香露兜叶片和植株的影响（图2-20、图2-21）。间作后香露兜叶片的香气成分种类含量均显著高于香露兜单作。其中，间作后香露兜叶片挥发性香气成分醇类含量高达（334.73±11.16）微克/克，为单作香露兜叶片挥发性香气成分醇类含量（26.17±0.87）微克/克的12.79倍；间作香露兜叶片挥发性香气成分烃类含量最高，为（811.88±16.08）微克/克，是单作香露兜叶片挥发性香气成分烃类含量（209.95±3.00）微克/克的3.87倍；挥发性香气成分吡咯类和呋喃酮类含量分别为（63.00±0.99）微克/克和（377.10±4.99）微克/克，是单作香露兜叶片的2.70倍和2.55倍（图2-22）。

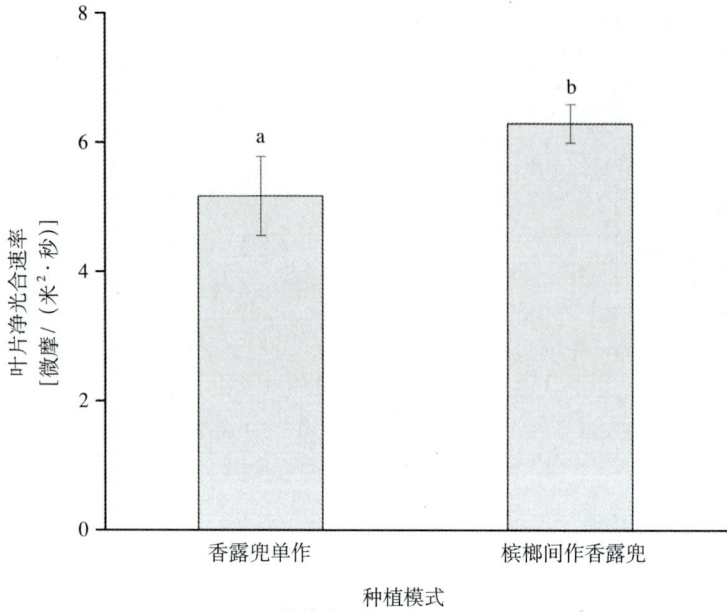

图2-20 不同种植模式下香露兜叶片净光合速率

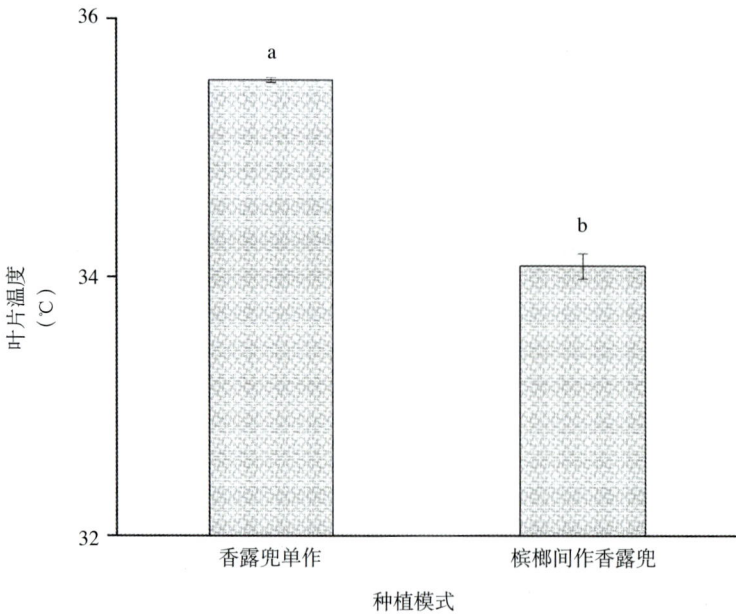

图2-21 不同种植模式下香露兜叶片温度

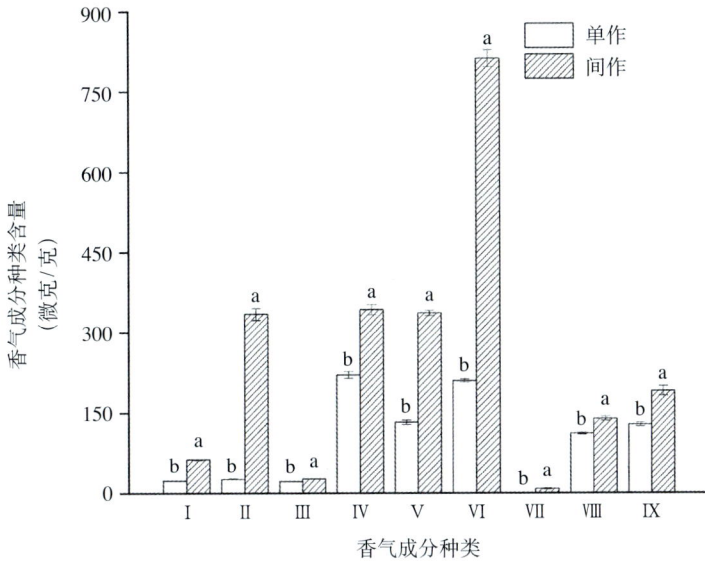

图2-22 不同种植模式下香露兜叶片香气成分种类含量
注：图中不同小写字母表示2种处理间同种香气成分化合物种类的差异显著性水平
（P<0.05）；Ⅰ-吡咯类，Ⅱ-醇类，Ⅲ-酚类，Ⅳ-呋喃类，Ⅴ-呋喃酮类，Ⅵ-烃类，Ⅶ-酸
类，Ⅷ-酮类，Ⅸ-酯类。

单作香露兜和槟榔间作香露兜模式下香露兜叶片共检测出22种共有香气
成分，间作对香露兜叶片香气成分的含量有显著影响（表2-1）。间作模式下检
测的2AP、叶绿醇、角鲨烯、新植二烯、丙醇、苯酚、邻乙苯酚、2,3-二氢苯
并呋喃、5-羟甲基糠醛、糠醛、3-甲基-2-（5H）-呋喃酮、羟基丙酮、乙基环
戊烯醇酮、3-羟基-2-丁酮、亚麻酸乙酯、棕榈酸乙酯、亚油酸乙酯、（±）-α-
羟基-γ-丁内酯、乙酰氧基丙酮以及油酸乙酯含量均显著高于单作。

表2-1 不同种植模式下香露兜叶片挥发性香气成分及含量

| 化合物种类 | 保留时间（分） | 保留指数 | 化合物名称 | 代码 | 单作（微克/克） | 间作（微克/克） |
|---|---|---|---|---|---|---|
| 酯类 | | | | | | |
| | 9.683 | 1 218 | 丙酮酸甲酯 | I1 | 36.86±1.01a | 5.92±0.31b |
| | 15.318 | 1 471 | 乙酰氧基丙酮 | I2 | 13.07±0.25b | 20.86±0.2a |
| | 29.941 | 2 143 | （±）-α-羟基-γ-丁内酯 | I3 | 24.51±1.97a | 30.16±7.58a |
| | 31.025 | 2 211 | 棕榈酸甲酯 | I4 | — | 12.29±0.26 |

（续）

| 化合物种类 | 保留时间（分） | 保留指数 | 化合物名称 | 代码 | 单作（微克/克） | 间作（微克/克） |
|---|---|---|---|---|---|---|
| 酯类 | | | | | | |
| | 31.769 | 2 260 | 棕榈酸乙酯 | I5 | 18.67±0.43b | 39.25±2.46a |
| | 34.813 | 2 472 | 油酸乙酯 | I6 | 5.41±0.25a | 7.9±2.36a |
| | 35.521 | 2 524 | 亚油酸乙酯 | I7 | 8.24±0.53b | 30.26±3.21a |
| | 36.613 | 2 606 | 亚麻酸乙酯 | I8 | 21.65±2.1b | 44.29±0.73a |
| 酮类 | | | | | | |
| | 10.717 | 1 281 | 3-羟基-2-丁酮 | H1 | 5.28±0.23b | 9.77±0.35a |
| | 11.234 | 1 310 | 羟基丙酮 | H2 | 79.42±1.84b | 115.81±4.2a |
| | 18.71 | 1 587 | 4-环戊烯-1,3-二酮 | H3 | 3.36±0.28 | — |
| | 22.898 | 1 763 | 2-羟基-2-环戊烯-1-酮 | H4 | 12.94±0.04 | — |
| | 24.31 | 1 834 | 甲基环戊烯醇酮 | H5 | 7.16±0.19 | — |
| | 25.48 | 1 895 | 乙基环戊烯醇酮 | H6 | 3.49±0.05b | 13.57±0.49a |
| 呋喃类 | | | | | | |
| | 15.29 | 1 470 | 糠醛 | D1 | 11.24±0.43b | 14.02±0.18a |
| | 20.529 | 1 657 | 糠醇 | D2 | 7.18±0.3 | — |
| | 33.66 | 2 389 | 2,3-二氢苯并呋喃 | D3 | 169.18±4.83b | 297.34±8.41a |
| | 35.025 | 2 487 | 5-羟甲基糠醛 | D4 | 24.93±1.04a | 24.5±1.35a |
| 醇类 | | | | | | |
| | 7.62 | 1 038 | 丙醇 | B1 | 5.16±0.3b | 16.57±1.01a |
| | 32.401 | 2 302 | 甘油 | B2 | 9.01±0.45 | — |
| | 36.818 | 2 622 | 叶绿醇 | B3 | 12.01±1.24b | 318.16±10.32a |
| 酚类 | | | | | | |
| | 27.674 | 2 011 | 苯酚 | C1 | 8.89±0.25b | 17.14±0.69a |
| | 28.567 | 2 061 | 邻乙苯酚 | C2 | 5.02±0.1b | 9.55±0.07a |
| | 30.867 | 2 201 | 4-乙烯基-2-甲氧基苯酚 | C3 | 7.99±0.13 | — |

（续）

| 化合物种类 | 保留时间（分） | 保留指数 | 化合物名称 | 代码 | 单作（微克/克） | 间作（微克/克） |
|---|---|---|---|---|---|---|
| 烃类 | | | | | | |
| | 26.073 | 1 926 | 新植二烯 | G1 | 118.8±2.17b | 263.51±3.01a |
| | 39.852 | 2 865 | 角鲨烯 | G2 | 91.15±3.59b | 548.37±18.26a |
| 吡咯类 | | | | | | |
| | 11.712 | 1 332 | 2-乙酰基-1-吡咯啉 | A1 | 23.3±0.69b | 63±0.99a |
| 呋喃酮类 | | | | | | |
| | 22.151 | 1 727 | 3-甲基-2-(5H)-呋喃酮 | E1 | 128.01±3.84b | 337.1±4.99a |
| | 22.875 | 1 762 | 2(5H)-呋喃酮 | E2 | 4.23±0.41 | — |
| | 28.31 | 2 047 | 呋喃酮 | E3 | 8.24±0.17a | 7.17±0.58b |
| 酸类 | | | | | | |
| | 25.757 | 1 909.00 | 2-甲基-2-戊烯酸 | F1 | — | 8.21±0.76 |

注："—"表示未检测到该物质；表中数据为平均值±标准差，数据后不同小写字母表示不同种植模式间香露兜香气成分的差异显著性水平（$P<0.05$）。

## 四、种植区划

热带作物生产必须充分发挥地区的气候条件、土壤环境等资源优势，根据作物品种特性，因地制宜发展有地区特色、竞争力强、优质的商品，才能取得效益最大化。

### 1.世界种植分布区

目前，香露兜广泛分布于亚洲、非洲和大洋洲等国家和地区，主要生产国有印度尼西亚、马来西亚、新加坡、泰国、斯里兰卡、中国、印度、越南、巴布亚新几内亚与菲律宾等。我国海南、云南、广东、广西、福建和台湾等地区均有香露兜种植，其中海南是我国香露兜的优势产区和主产区，海南万宁、琼海、儋州、海口、陵水、琼中、三亚、文昌、保亭、定安、乐东等地均种植有香露兜，种植面积2 000多公顷。

## 2.我国海南省气候区划

海南省气候与香露兜原产地印度尼西亚相近，是我国香露兜的优势产区。

气候区划是根据研究目的和产业部门对气候的要求，采用有关指标，对全球或某一地区的气候进行逐级划分，将气候大致相同的地方划为一区，不同的地方划入另一区，得出若干等级的区划单位，从而反映出气候受地带性与非地带性综合影响的变化规律。车秀芬等根据海南省18个气象站1981—2010年的逐日气温、降水、日照、辐射等气象数据（表2-2），采用温度带、干湿区和气候区三级指标体系（表2-3至表2-5），进行海南岛气候新区划。

表2-2　海南省气候指标

| 地区 | 年平均温度（℃） | 年极端最低气温平均值（℃） | 年平均降水量（毫米） | 1月平均气温（℃） | 7月平均气温（℃） | 日均温≥10℃积温（℃） | 年平均湿度（%） | 年日照时数（小时） |
|---|---|---|---|---|---|---|---|---|
| 海口 | 24.8 | 8.7 | 1 646 | 18.4 | 29.1 | 9 048 | 82 | 1 878 |
| 定安 | 24.4 | 8.1 | 1 993 | 18.2 | 28.8 | 8 912 | 84 | 1 824 |
| 澄迈 | 24.0 | 6.6 | 1 801 | 17.9 | 28.5 | 8 773 | 85 | 1 835 |
| 临高 | 24.0 | 7.2 | 1 476 | 17.6 | 28.7 | 8 769 | 84 | 2 049 |
| 儋州 | 23.8 | 7.4 | 1 857 | 17.9 | 27.9 | 8 683 | 82 | 1 979 |
| 琼海 | 24.6 | 9.1 | 2 054 | 18.8 | 28.6 | 8 995 | 84 | 1 971 |
| 文昌 | 24.4 | 8.0 | 1 975 | 18.5 | 28.5 | 8 897 | 86 | 1 923 |
| 万宁 | 25.0 | 10.2 | 2 070 | 19.5 | 28.8 | 9 133 | 84 | 2 051 |
| 兴隆 | 25.5 | 10.5 | 2 400 | 19.8 | 28.8 | 9 200 | 86 | 2 150 |
| 屯昌 | 24.0 | 7.5 | 2 080 | 18.0 | 28.2 | 8 773 | 83 | 1 947 |
| 白沙 | 23.5 | 5.8 | 1 948 | 17.8 | 27.4 | 8 565 | 84 | 2 052 |
| 琼中 | 23.1 | 6.1 | 2 388 | 17.4 | 27.0 | 8 438 | 85 | 1 888 |
| 昌江 | 24.9 | 9.3 | 1 693 | 19.4 | 28.7 | 9 088 | 77 | 2 160 |
| 东方 | 25.2 | 10.0 | 941 | 19.3 | 29.5 | 9 221 | 79 | 2 551 |

（续）

| 地区 | 年平均温度（℃） | 年极端最低气温平均值（℃） | 年平均降水量（毫米） | 1月平均气温（℃） | 7月平均气温（℃） | 日均温≥10℃积温（℃） | 年平均湿度（%） | 年日照时数（小时） |
|------|------|------|------|------|------|------|------|------|
| 乐东 | 24.7 | 9.0 | 1 634 | 20.1 | 27.6 | 9 030 | 79 | 2 029 |
| 五指山 | 23.1 | 6.3 | 1 870 | 18.4 | 26.2 | 8 459 | 83 | 2 019 |
| 保亭 | 24.8 | 8.6 | 2 163 | 20.2 | 27.6 | 9 049 | 82 | 1 755 |
| 陵水 | 25.4 | 11.5 | 1 718 | 20.6 | 28.4 | 9 261 | 80 | 2 255 |
| 三亚 | 26.3 | 12.8 | 1 561 | 22.3 | 28.8 | 9 614 | 78 | 2 300 |
| 三沙 | 27.0 | 16.5 | 1 473.5 | 23.5 | 29.1 | 9 861 | 81 | 2 739.7 |

注：大部分资料引自车秀芬"海南岛气候区划研究"（2014年）；兴隆气候资料来自香饮所生态气候站；三沙气候资料来自三沙气候站。

表 2-3  划分温度带的指标及其标准

| 温度带 | 主要指标 | 辅助指标 | 参考指标 |
|------|------|------|------|
| | 日均温≥10℃积温（℃） | 1月均温（℃） | 年极端低温均值（℃） |
| 边缘热带 | 8 000～<9 000 | 15～<18 | 5～<8 |
| 中热带 | 9 000～<10 000 | 18～<24 | 8～<20 |
| 赤道热带 | ≥10 000 | ≥24 | ≥20 |

注：引自车秀芬"海南岛气候区划研究"（2014年）。

表 2-4  划分干湿区的指标及其标准

| 干湿状况 | 主要指标 | 辅助指标 |
|------|------|------|
| | 年干燥指数 | 年降水量（毫米） |
| 湿润 | <0.9 | ≥1 700 |
| 半湿润 | 0.9～<1.5 | 1 000～<1 700 |
| 半干旱 | 1.5～<4.0 | 700～<1 000 |
| 干旱 | ≥4.0 | <700 |

注：引自车秀芬"海南岛气候区划研究"（2014年）。

表 2-5　划分气候区的指标及其标准

| 气候区代码 | 7月平均温度（℃） |
|:---:|:---:|
| Ta | > 28 |
| Tb | 26 ~ 28 |

注：引自车秀芬"海南岛气候区划研究"（2014年）。

　　根据温度带的划分标准，海南岛可划分为中热带地区和边缘热带地区。边缘热带和中热带交界处大致西起昌江与儋州交界处，沿东方、乐东、三亚、陵水各市县的北部边缘，东至万宁市中部地区。该线以南为中热带地区，以北为边缘热带地区。根据周年气温的高低，热带地区可细分为北热带（边缘热带地区）、中热带和赤道热带。海南岛本岛大部分属于边缘热带地区和中热带地区，海南省的三沙地区属于赤道热带地区。海南岛的中部山区，如尖峰岭天池、五指山乡等区域，由于垂直高度的影响，属于南亚热带地区。

　　根据干湿区的划分标准，海南岛可划分为湿润区、半湿润区和半干旱区。湿润区与半湿润区之间的分界为一条自北向南的线，界线北起儋州西南角，向南穿过白沙西北角、昌江东南角、乐东东北部边缘，一直延伸到三亚北部边缘。界线东部大部分地区为湿润区，西部的昌江、东方、乐东和南部的三亚大部分地区为半湿润区，仅有东方的西部沿海小部分地区属于半干旱区。

　　根据气候区的划分标准，海南岛共划分为北部边缘热带湿润区、中部山地边缘热带湿润区、东南部沿海中热带湿润区、南部内陆中热带湿润区、西部内陆中热带半湿润区、西南部中热带半湿润区、南部沿海中热带半湿润区和西部沿海中热带半干旱区8个气候区。

　　根据海南省气候带气候条件的划分和调查研究，结合《中国热带作物栽培学》中我国南部地区热带作物种植区划，以及国内保存的香露兜品种资源及初步的小面积规模生产试验，香露兜在海南岛全岛均可种植，其中以东南部沿海中热带湿润区、北部边缘热带湿润区、南部内陆中热带湿润区、南部沿海中热带半湿润区为区位优势种植区，包含万宁、陵水、琼海、保亭、海口、定安、文昌、儋州等地（图2-23至图2-34）。该区域年平均气温23.8 ~ 25.4℃，1月平均气温≥18℃，年降水量1 700 ~ 2 500毫米，气温高，≥10℃积温在9 000℃左右，全年无霜，光、热、雨量等自然资源丰富，土壤条件好，大多为低海拔丘陵或平原地区，是香露兜种植优势区域。该区域槟榔、椰子、橡胶、菠萝蜜等经济林相对集中，为林下种植香露兜提供了基础条件。同时，该区域地势平缓，交通便利，加工利用初具雏形，产销体系相对完善，是海南省香露兜产业发展的优势区域。

图2-23　海南万宁槟榔林下种植的香露兜

图2-24　海南万宁橡胶林下种植的香露兜

图2-25　海南万宁椰子林下种植的香露兜

图2-26　海南万宁香蕉行间种植的香露兜

图2-27　海南万宁百香果林下种植的香露兜

图2-28　海南万宁速生林下种植的香露兜

图2-29  海南陵水椰子林下种植的香露兜

图2-30  海南陵水槟榔林下种植的香露兜

图2-31　海南陵水菠萝蜜林下种植的香露兜

图2-32　海南琼海槟榔林下种植的香露兜

图2-33  海南儋州橡胶林下种植的香露兜（窄行）

图2-34  海南儋州橡胶林下种植的香露兜（宽行）

# 第三章　香露兜种苗繁育技术

优良种苗是香露兜生产的基础保障，种苗的优劣在一定程度上决定了香露兜的产量和品质。香露兜由于花果未见，繁殖以无性繁殖为主。常用的无性繁殖方法包括分蘖苗繁殖与组织培养繁殖。

分蘖苗繁殖是挑选长势优良的母株茎蔓上分蘖出具有完整根茎叶的小苗来繁育种苗。此方法简单易行，能够保持母株的优良性状，目前生产上多采用此法繁殖香露兜种苗。

组织培养繁殖是挑选优良母株组织作为外植体，通过愈伤组织分化形成丛生芽，将丛生芽分成多条芽段，再进行生根来繁育种苗。此方法能够提升香露兜种苗繁殖效率和一致性，并可培育新品种。

## 第一节　分蘖苗繁殖

分蘖指的是从植株的茎蔓或根部长出芽，并能够进一步发育成完整植株的过程。如枣、漆树、刺槐等树的根部也会出现分蘖现象。香露兜花果未见，但气生根系发达，茎蔓生长 2～3 年后会随着伸长而逐渐倒伏，靠近地面部分会大量产生参差不齐的芽，待这些芽发育并长出根系后，可截取下来进行育苗。

### 一、育苗圃建立

#### 1.苗圃地选择

选择海拔 300 米以下，交通便利、靠近水源、土壤排水良好、有良好防风屏障的缓坡地或平地建立香露兜苗圃地。一般要求平均气温不低于25℃，最冷月平均气温不低于20℃。温度过低地区，要搭建保温棚。气温低于18℃且无防寒设施地区不宜育苗。

## 2.苗床建立

苗床包括沙床和地床（图3-1至图3-4）。建立苗床需提前规划，清除苗床内的杂草、石块、树头等杂物，布置好排水沟，修建好运送种苗与通行的道路。搭建好荫蔽度在40%～60%的荫棚，荫棚大小、距离、走向应根据苗圃实际情况而定。也可在槟榔、橡胶、椰子等经济林的林下空间建立地床进行育苗。

图3-1　沙床

图3-2　地床（遮阳网）

图3-3　地床（槟榔林下）

图3-4　地床（橡胶林下）

## 二、母株选择

选择2～3年生、生长势旺盛、叶色浓绿、无病虫害、茎蔓处分蘖旺盛的香露兜植株作为母株（图3-5）。

图3-5  分蘖苗母株

## 三、分蘖苗选择

从母株的根部或茎蔓上选取分蘖苗。分蘖苗应生长旺盛，无明显病虫害，具有完整的茎部与气生根，茎粗0.3～0.5厘米，苗高10～15厘米，具2片以上完整叶，并且种苗根茎基本上已经与母株分离，确保采取分蘖苗时不会对母株和分蘖苗造成机械性损伤。选取的分蘖苗应具有完整的根茎叶，这能够让分蘖苗在离开母株后迅速正常汲取养分进行生长。采取分蘖苗时避免伤及母株茎部，以免影响下一次分蘖（图3-6）。

图3-6  采取分蘖苗

## 四、分蘖苗处理

修剪分蘖苗叶片及根系。修剪时保留分蘖苗顶部2～3片完整叶，修剪其余叶片长度至4～8厘米，修剪根系长度至3～5厘米（图3-7）。对分蘖苗的叶片进行修剪，是为防止分蘖苗在离开母株后因叶片过多造成蒸腾作用过强，进而导致分蘖苗失水死亡；对分蘖苗的根系进行修剪，能够更好地减少育苗期间的营养流失，促进新根系生长。

图3-7  修剪好的分蘖苗

## 五、分蘖苗育苗

分蘖苗的育苗包括扦插育苗和装袋育苗。

### 1.扦插育苗

为提高扦插育苗成活率，扦插前应使用0.1%高锰酸钾溶液浸泡分蘖苗10分钟。为提高分蘖苗统一性和便于管理，分蘖苗应按壮弱和长短进行分级，长势一致的分蘖苗统一扦插在苗床上。扦插时按5～10厘米的行距挖5～10厘米深的条状沟坑，按株距5厘米插入分蘖苗，覆沙土压实，覆土以刚好盖住分蘖苗茎部为宜（图3-8至图3-11）。浇足定根水，做好遮阴。

图3-8　育苗沟深度

图3-9　扦插株距

图3-10　扦插行距

图3-11　扦插苗冒出新叶

## 2.装袋育苗

选取育苗床上已经抽出2～3片新叶、具有大量吸收根的分蘖苗。也可选用修剪后的分蘖苗直接装袋育苗。采用直径6.5厘米以上、高12厘米以上、底部有排水孔的育苗袋。育苗袋应消毒后使用，可用1%～2%次氯酸钠水溶液浸泡1小时后再用清水冲洗干净。育苗基质要求保水性与透气性良好，可选花木（花卉）通用型营养土或自配基质。自配基质可选用腐熟的椰糠、园林废弃物等有机质与细沙土或沙壤土按质量比1∶8混合均匀，或根据苗圃实际情况选配育苗基质。装袋时，先将育苗袋装1/3育苗基质，再放入分蘖苗，最后用育苗基质填满育苗袋，并抖实杯中基质（图3-12至图3-14）。分蘖苗装袋后，淋足定根水。

图3-12　装1/3育苗基质

图 3-13　放入种苗

图 3-14　装满育苗基质

育苗期间根据基质湿润程度适时淋水,温度控制在25～30℃,空气湿度80%左右(图3-15至图3-18)。每5～7天检查一次种苗成活情况,及时查苗、补苗。

图3-15　沙床育苗

图3-16　地床育苗(遮阳网)

图3-17　地床育苗（槟榔林下）

图3-18　地床育苗（橡胶林下）

### 3.外源激素促进香露兜生根

吲哚丁酸（IBA）是促进植物生根最常用且生根效果较好的外源激素。根系数量和长度是反映根系吸收养分水分效率的重要指标，根系总表面积表明根系活力的强弱。据研究，在一定浓度范围内，IBA对香露兜分蘖苗生根具有明显的促进作用。香露兜根数目、总根长、总表面积和根体积等根系参数及根系干物质质量均随着IBA浓度变化有显著的差异。IBA浓度为20毫克/升时，香露兜根系生长发育良好，根数量多、根系较长、根粗壮且未出现根尖变黑的情况，香露兜生长各指标均优于其他IBA浓度处理，生长状况好（图3-19）。进一步对香露兜分蘖苗进行IBA 5种不同处理时间（0分钟、15分钟、30分钟、60分钟、120分钟），发现处理时间为30分钟和60分钟时，可显著增加香露兜的干物质质量，总根长、总表面积、单位土壤体积的总根长、根体积、根数目等根系生长参数和新抽生叶片数均高于其他处理，其中以处理60分钟时效

图3-19　不同浓度IBA处理香露兜生根情况
（从左到右依次为100毫克/升、60毫克/升、20毫克/升、0毫克/升）

果最为显著（图3-20）。适宜的IBA处理时间可以促进香露兜根系生长及干物质质量的增加，过长时间的IBA处理（120分钟）会抑制香露兜的根系生长和干物质累积。IBA浓度为20毫克/升、浸泡30～60分钟适宜香露兜分蘖苗根系生长。

图3-20　不同时间IBA处理香露兜生根情况
（从左到右依次为120分钟、60分钟、30分钟、15分钟、0分钟）

## 六、分蘖苗管理

香露兜种苗繁育适宜温度在25～30℃。低于25℃种苗生根慢、新叶抽生受影响，低于15℃种苗易受冻，严重时可导致死亡。温度过高容易导致种苗矮小，分蘖过旺，叶片短小。海南地区3～11月，温度适宜，有利于香露兜分蘖苗生长。

分蘖苗苗期管理主要是控制水分。当空气湿度大于90%时，要及时通风散湿。雨后及时排出积水防止湿气滞留，以免湿度过大造成种苗烂根。育苗

30 天后可喷施叶面肥。叶面肥推荐用量为 5%（质量分数）速溶复合肥（15-15-15）和 3%（质量分数）尿素配制的液态肥，喷施量以种苗叶片湿润为宜。苗期施肥 1 ～ 2 次。

育苗期间如遇低温，育苗圃四周及顶部要覆盖薄膜，或在苗圃四周进行熏烟防寒，减少低温对香露兜种苗的影响。

香露兜病虫害较少，育苗期间基本无病虫害发生。偶有茎腐病发生时，发病初期可选用 77% 氢氧化铜可湿性粉剂 500 倍液喷施，每隔 3 天全苗圃喷药 1 次，连续喷药 2 ～ 3 次进行病害防治。

## 七、炼苗

香露兜种苗在出圃前应进行炼苗。主要采取揭开遮阳网、减少施肥、适当控水等措施对幼苗进行强行锻炼，使香露兜种苗在定植后能够快速适应种植地的不良环境条件，缩短缓苗时间，增强对强光照、低温等的抵抗能力。

香露兜种苗出圃前 14 天停止施肥，逐渐揭开遮阳网，在 9：00 以前及 16：00 以后揭开遮阳网进行炼苗。出圃前 7 天全天揭开遮阳网进行炼苗。炼苗期间可喷灌 1 ～ 2 次。叶片呈淡绿色时即可出圃。

# 第二节　组织培养繁殖

组织培养是根据植物细胞具有全能性的理论，利用植物体外器官（如茎尖、芽尖、形成层、根尖等）的组织、细胞或植物器官，在无菌和适宜培养条件下，通过愈伤组织、不定芽、不定根诱导及再生，形成完整植株的技术手段。

组织培养是加速植物繁殖、创造优良品种的一种行之有效的方法，具有子代保持亲本原有的优良品质、优质品种快速选育和快速应用、防止优良品系退化、节约经济成本等优势，适用于规模化、产业化培育优良种苗。

## 一、组织培养室建立

组织培养室需设配制培养基实验室、培养基灭菌及储存实验室等前处理室，接种室、暗培养室、光培养室及炼苗室等室内培养设施，繁育大棚、荫棚等育苗圃的室外培养设施（图 3-21、图 3-22）。

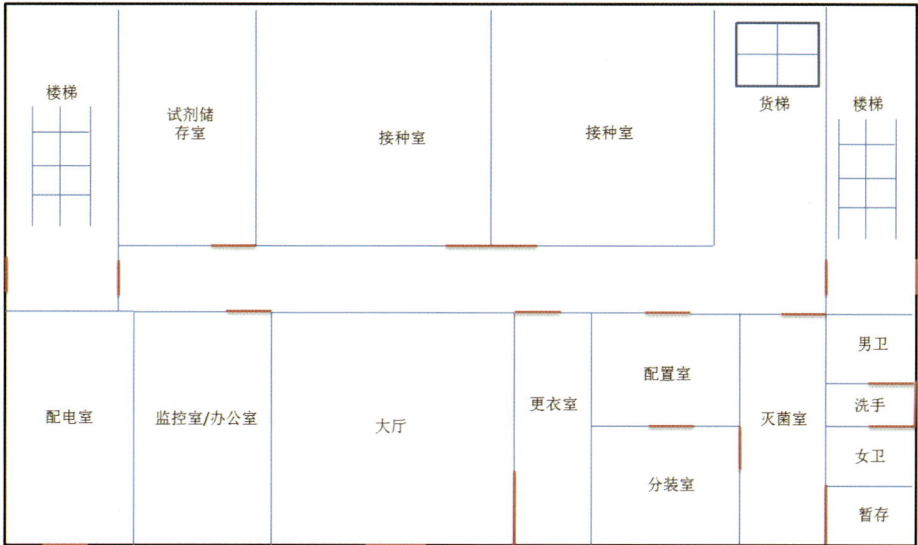

图3-21 组织培养室布局（一）

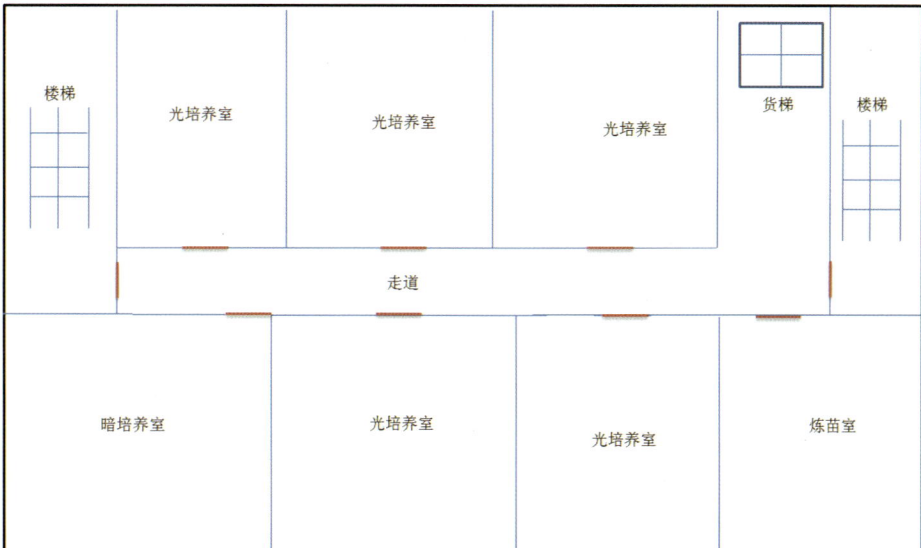

图3-22 组织培养室布局（二）

## 二、组织培养前处理

### 1.外植体选择

选择经济性状良好、植株健壮、无病虫害的优良母株老茎上2～3厘米幼嫩分蘖作为外植体材料（图3-23）。幼嫩组织细胞具有更强的分化分生能力，更容易成功培养出完整植株。

### 2.消毒处理

将采集的幼嫩分蘖剥去叶鞘和叶片，加入洗衣粉浸泡30分钟后，用自来水冲洗干净。处理好的幼嫩分蘖转入超净工作台中，在培养瓶内用75%酒精消毒30秒，立即用无菌水洗涤2次，再用无菌解剖刀和枪状镊子在接种盘上切成1.0～1.5厘米的外植体，用20%次氯酸钠灭菌10分钟，用无菌水洗涤4～5次，沥干水分后，接种到培养基上（图3-24）。这样处理后能使幼嫩侧芽污染率下降到最低。

图3-23 选择幼嫩分蘖作为外植体

图3-24 幼嫩分蘖消毒处理

## 三、组织培养室内培养

### 1.愈伤组织诱导与增殖

愈伤组织是植物组织脱分化形成的细胞团组织，具有很强的再分化能力。但愈伤组织分为胚性愈伤组织与非胚性愈伤组织。胚性愈伤组织具有分化能力，能够进一步分化成苗；非胚性愈伤组织则不具有分化能力。

将无菌的幼嫩分蘖分别接种在含6-苄氨基嘌呤（BA，0.5 ～ 2.0毫克/升）、噻苯隆（TDZ，0.1 ～ 0.5毫克/升）的改良培养基上，进行愈伤组织诱导培养。

暗培养40 ～ 60天，可从幼嫩侧芽基部获得愈伤组织。再将愈伤组织分别接种在含激动素（KT，0.5 ～ 1.0毫克/升）与2,4-二氯苯氧乙酸（2,4-D，0.5 ～ 2.0 毫克/升）的改良培养基上，让愈伤组织进行胚性增殖（图3-25）。通过植物激素能够诱导出松散的胚性愈伤组织细胞团，而使用更高浓度的生长素可能更有利于胚性细胞的分化。

图3-25　幼嫩分蘖组培愈伤组织诱导增殖

## 2.丛生芽分化

愈伤组织是细胞团，而单个植物细胞都具有全能性，能够分化成苗。胚性愈伤组织在特定的培养条件下，能够发育成体细胞胚或丛生芽组织。香露兜的分化途径是丛生芽再生成苗。选择生长状态良好、分化能力强的胚性愈伤组织，在含BA（1.0～2.5毫克/升）与萘乙酸（NAA，0.1～0.5毫克/升）的改良培养基上，光培养60～90天，可以分化得到香露兜丛生芽（图3-26）。胚性强的愈伤组织在无激素条件下，也会分化出丛生芽。丛生芽具有旺盛的繁育能力，在对丛生芽进行分芽后，还能继续诱导产生新的芽与愈伤组织。因此，分化出丛生芽是香露兜种苗的组培快繁关键步骤。

图3-26　香露兜组培丛生芽分化

## 3.不同类型愈伤组织胚性检测

在愈伤组织分化成丛生芽过程中，会因愈伤组织的胚性差异，使愈伤组织发展成不同类型的愈伤组织，导致分化成丛生芽的能力各异。将香露兜愈伤组织转接到添加NAA与BA的培养基上培养30天的过程中，基部愈伤组织不断增大，逐渐形成黄绿色、堆积成团且质地硬的大块愈伤组织块（图3-27b）。随后黄绿色愈伤组织部分开始变褐，不过愈伤组织块仍质地硬（图3-27c）。将其转接到添加KT与BA的培养基或只含KT的培养基上培养25天左右，含KT与BA的培养基中愈伤组织的黄绿色部分开始分化出丛生芽（图3-27d），丛生芽分化率都在90%左右；而只含KT的培养基上，愈伤组织黄绿部分逐渐变白，褐化部分颜色变深成褐白色愈伤组织（图3-27e），再继续培养25天左右，部分丛生芽会进一步伸长变粗，最终生成类似老茎上的侧芽结构。而褐白色愈伤组织则进一步变褐，变成黑褐色愈伤组织（图3-27f），失去分化的能力。另外少数的黄绿色愈伤组织团会分化出粗壮的根系，进而影响丛生芽的分化与自身的增殖。5种愈伤组织的分化关系为，侧芽基部愈伤组织（图3-27a）先增殖分化为黄绿色愈伤组织（图3-27b），在添加KT与BA的培养基上继续培养为黄褐色愈伤组织（图3-27c），最终由黄褐色愈伤组织（图3-27c）分化出芽，为芽分化愈伤组织（图3-27d）；另一方面，在只含KT的培养基上，黄绿色愈伤组织（图3-27b）培养成褐白色愈伤组织（图3-27e），继续培养为黑褐色愈伤组织（图3-27f），无芽分化。

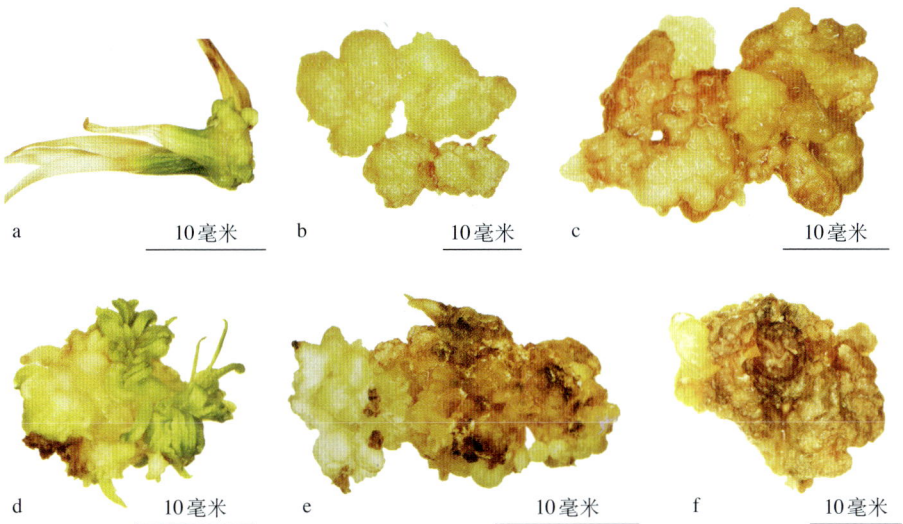

图3-27　香露兜不同类型愈伤组织及诱导丛生芽
a.侧芽基部愈伤组织　b.黄绿色愈伤组织　c.黄褐色愈伤组织　d.芽分化愈伤组织
e.褐白色愈伤组织　f.黑褐色愈伤组织
不同愈伤组织之间的关系（a→b→c→d；b→e→f）

### 4.香露兜不同类型愈伤组织的抗氧化酶类比较分析

植物细胞的脱分化与再分化过程，不仅使细胞形态发生重大变化，还涉及了一系列的生理生化特性的变化。据研究，抗氧化酶类对愈伤组织的芽分化起着重要作用，能够分化丛生芽的黄褐色愈伤组织过氧化物酶（POD）活性高，但香露兜不同类型愈伤组织的POD活性都要高于过氧化氢酶（CAT）与超氧化物歧化酶（SOD）（图3-28）。据研究，香露兜本身就具有较高的抗氧化活性，因此一些愈伤组织即使不具备芽分化能力，也具有较高的抗氧化酶活性，而POD可能在香露兜愈伤组织的抗氧化酶类中占据主要地位。另外，从不同培养基上诱导丛生芽的情况来看，只含KT的培养基上，香露兜愈伤组织不能诱导出丛生芽，最终生长成黑褐色愈伤组织。

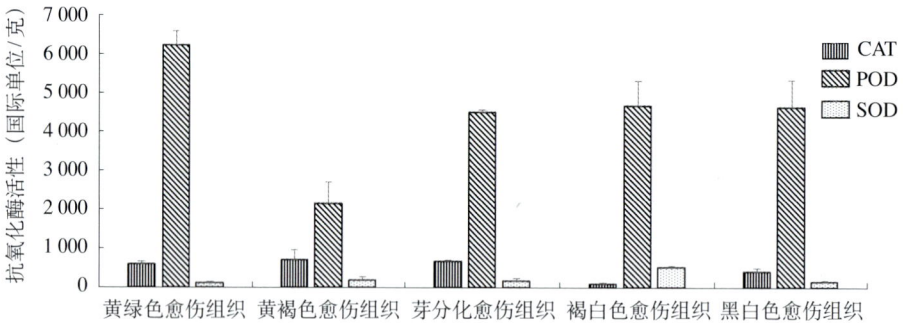

图3-28  香露兜不同类型愈伤组织的抗氧化酶活性比较分析

### 5.生根培养

根系是植物汲取营养用于生长发育的必要器官。之前的组织培养过程，主要是通过培养基与培养物之间的渗透压来让培养物汲取营养。

生根培养是组织培养物分化成具有完整根茎叶组培苗的关键步骤，诱导出的根系决定着移栽成活率。在含NAA（0.5～1.0毫克/升）的改良培养基上，适合诱导香露兜丛生芽生根。生根培养中需要鉴别出真根系与假根系，有时发育不正常的假根系不属于丛生芽，无法为丛生芽吸收营养。利用IBA（0.5～1.0毫克/升）浸泡组培苗根部30分钟后，生根效果也十分显著，并以肉质根为主。NAA、IBA是常用的植物生根激素（图3-29、图3-30）。

图3-29　香露兜组培NAA生根培养

图3-30　香露兜组培IBA生根培养

## 四、炼苗移栽

由于香露兜组培苗长期在瓶中异养环境中生长，难以获得自主从外界汲取养分的能力，如果从瓶内直接种植到地里，常会因失水过多而死亡。炼苗移栽是组培苗从生根培养移栽到育苗袋或者营养钵内进行壮苗的过程（图3-31）。先将生根后的组培苗在避免强光直射和避雨的条件下炼苗7～10天，再使用装袋方法进行组培苗炼苗，方法与分蘖苗装袋育苗相同，详见本章第一节的"分蘖苗育苗"。

经过炼苗会使组培苗根系更发达，活力更强，更容易成活，长势更好，出圃后也可以放置较长时间，同时有利于长途运输。因组培苗经过脱毒、复壮、诱变等过程，香气更浓、抗性更强（图3-31）。

图 3-31　香露兜组培苗炼苗移栽

# 第三节　出　　圃

当香露兜种苗在苗圃里生长达到出圃标准时，应尽快出圃，以确保种苗定植成活率和质量，同时可减少种苗维护成本。香露兜种苗出圃时间最好与种植园定植期一致。出圃前需要先淋一次水，保证苗床湿润，防止起苗时伤根。出圃的种苗必须符合规格，品种纯正，有一定的高度和粗度。对弱小、病害、根系受损严重的种苗应剔除。种苗在运输过程中，无论短途还是长途，都要妥善包装，尽量将损伤降到最低。

## 一、出圃苗标准

### 1. 分蘖扦插苗标准

香露兜分蘖扦插苗的出圃标准是：种源来自经确认的优良单株，种苗纯度≥98%；出圃时具有完好的根茎叶，苗高≥35厘米，茎粗≥0.7厘米，具有大量须根，生长正常，叶色淡绿，无明显病虫害症状和机械损伤；苗龄2～6个月（图3-32）。

图3-32　分蘖扦插苗标准

### 2.分蘖袋装苗标准

香露兜分蘖袋装苗的出圃标准是：种源来自经确认的优良单株，种苗纯度≥98%；出圃时育苗袋完好，育苗基质完整不松散，植株主干直立，苗高≥35厘米，茎粗≥0.7厘米，生长正常，叶色淡绿，无明显病虫害症状和机械损伤；苗龄2～6个月（图3-33）。

图3-33　分蘖袋装苗标准

### 3.组培苗标准

香露兜组培苗的出圃标准是：种源来自经确认的优良单株，长势良好，可追溯培养记录的组培苗，种苗纯度≥98％；出圃时育苗袋完好，育苗基质完整不松散，植株主干直立，苗高≥15厘米，茎粗≥0.3厘米，生长正常，叶片淡绿，无明显病虫害症状和机械损伤；苗龄10～14个月（图3-34）。

图3-34　组培苗标准

## 二、出圃苗包装

### 1.分蘖扦插苗包装标准

香露兜分蘖扦插苗出圃前应浇透水，方便起苗。起苗后剪除病虫叶、老叶及穿袋的根系。全株用消毒液喷洒，晾干水分。将50～100株长势一致的扦插苗码成一捆，头尾方向一致。根系部分可裹上椰糠、香蕉茎干等保水材料，最后在保水材料外面用遮光网等疏松透气材料包裹，用软质绳子绑好（图3-35）。长途运输应淋水保湿。

图3-35　扦插苗打包

### 2.分蘖袋装苗包装标准

香露兜分蘖袋装苗在出圃前应逐渐减少荫蔽，进行炼苗。在大田定植园块荫蔽不足的植区，尤应如此。起苗前停止灌水，起苗后剪除穿袋的根系。每10～15株苗装一袋进行打包，即可直接运输（图3-36）。

图3-36　袋装苗打包

### 3.组培苗包装标准

香露兜组培苗在出圃时按照香露兜分蘖袋装苗包装标准进行包装即可。

## 三、出圃苗运输与贮存

香露兜种苗应按不同级别分批装运。装卸过程应轻拿轻放，防止基质松散。在运输过程中应防止长时间堆积重压，尽量缩短运输时间。种苗在短途运输过程中应保持一定的湿度和通风透气，避免日晒、雨淋，遮盖遮阳网等遮阴材料；长途运输时应选用配备空调设备的交通工具，温度控制在25℃左右，种苗分层叠放，不能挤压堆放，确保通风透气，并适时淋水保湿。

种苗出圃后应在当日装运，在运输装卸过程中，应注意防止种苗茎部和根部的损伤。运达目的地后，要及时卸苗，尽快定植。运达目的地后如短时间内无法定植，应将种苗置于阴凉处，避免烈日暴晒、堆放挤压，并适当淋水，保持种苗湿润，确保种苗成活率。

# Chapter 4

# 第四章 香露兜种植管理

现代化的香露兜种植园必须重视园地规划与种植管理，包括园地选择、整地、种植模式、定植规格、水肥管理等。这关系到香露兜的长势、产量与品质。

## 第一节 园地建立

### 一、园地选择

根据香露兜对环境条件的要求，选择适宜的园地是香露兜种植的关键环节。温度是首先要考虑的因素，此外优质香露兜生产，光照、水源、湿度等小气候环境的创造也是至关重要的。如在无荫蔽、水源短缺等地方种植香露兜，可导致香露兜生长缓慢、长势差、叶片干枯；在温度较低地方种植，易引发寒害。

#### 1.温度

香露兜在年平均温度21 ℃以上的无霜地区均可种植。最冷月份平均温度15 ℃以上。年平均温度25 ～ 28℃地区最适宜种植香露兜。

#### 2.水源

种植香露兜应选择年降水量大于1 000毫米，且靠近水源、排灌方便的地方。河流、水沟、鱼塘、水库边上也可以种植。

#### 3.土壤

香露兜对土壤要求不严格，耐轻度盐碱和酸性土壤，许多平地、丘陵地区、河岸边、村边、路边房屋旁的红壤土或沙壤土均可种植。但仍以坡度在20°以内，pH 5.5～7.5，土层深厚、土质疏松、富含有机质、保水力强、排水良好的红壤、砖红壤或轻质沙壤土地上建园为好。

### 4. 环境

香露兜应选择在海拔400米以下、生态环境良好、远离污染源、交通较为便利的地方建园和种植。香露兜生长需要一定的荫蔽环境，以选择在槟榔、橡胶、椰子、菠萝蜜、面包果、油棕、香蕉和可可等林下种植为主，荫蔽度以30%～60%为宜。

## 二、园地规划

集中连片种植香露兜时，必须根据地块大小、地形、地势及降雨等条件进行香露兜园小区、园区道路、灌溉与排水系统等规划设计，便于生产管理。

### 1. 小区

香露兜集中连片种植时，一般按照同一小区坡向、土质和肥力相对一致的原则，将全园划分为若干小区，每个小区面积1～1.5公顷。

### 2. 园区道路

园区内应设置道路系统，道路系统由主干道、支干道、小道等互相连通组成，方便通行和物资运输。主干道是香露兜园的主要通道，贯穿全园，宽5～6米，外与公路相通，内与支干道相通；支干道设置在小区之间，宽3～4米，与小道连接；小道设置在小区内，宽1～2米。

### 3. 灌溉与排水系统

灌溉与排水系统应因地制宜，充分利用附近河流、水沟、水塘、水库等排灌配套工程，做好蓄水和引提水工作。在种植园四周设置环园大沟，园内设纵沟和横沟，且与小区的排水沟互相连通，根据地势地形确定各排水沟的大小与深浅。坡地建园还应在坡上设置防洪沟，减少水土流失。除了利用天然的沟灌水外，同时应根据实际情况铺设节水灌溉系统，以铺设喷灌和微喷为主，顺着园地的行间纵向埋管。

## 三、园地开垦

定植香露兜苗前，至少提前1周进行整地。开垦时，首先确定间作林和周围的防护林，保留不砍，接着砍掉并清理园地内其他乔木和小灌木。清除园地内杂草、石头、树枝等杂物。坡度在10°以上的园地，应等高修筑梯田。

# 第二节　种植技术

香露兜是典型的热带雨林下的低层植物，具有耐高温、耐荫蔽、喜湿、不耐寒、不耐旱等习性，因此生产上香露兜种植模式主要以林下复合种植为主，同时也有小面积的单作种植和盆栽等模式。

## 一、林下复合种植

林下复合种植是我国香露兜目前主要采用的种植模式。林下复合种植可为香露兜提供适宜光照条件和湿润的生长环境，促进香露兜生长。海南省有林地200多万公顷，是耕地的3倍多，全省有林农400多万人，占海南农民总数的71.4%，发展空间和增值空间都很大。林下复合种植香露兜可充分利用林下空闲土地、光照、温度、水分等资源，种植后10~12个月即可采收产生经济收益，在增加土地产出的同时，破解林下资源闲置、非生产周期长、林产品市场价格波动和自然灾害对经济林产业发展造成的不利影响，提高综合经济效益。同时还能丰富农林生态系统物种多样性，减少有毒有害农田投入品的使用，促进作物对养分的吸收，提高肥料利用率，减少病虫害发生，减少林下杂草丛生，改善土壤和生态环境质量。林下复合种植香露兜对于农民增收、乡村振兴、热带农业产业发展和生态环境保护均具有重要意义，经济效益、生态效益、社会效益显著。

### 1.间作林的选择

宜选择行距大于1.5米，林下荫蔽度30%~60%的经济林。如槟榔、橡胶、椰子、菠萝蜜、面包果、油棕、香蕉、可可等林木。

槟榔（*Areca catechu*）为棕榈科槟榔属常绿乔木，是中国四大南药之一。

槟榔无主根而须根发达，属于浅根系植物，树干挺直而不分枝，树冠小。槟榔因经济效益较高而受到海南省农民的青睐，种植面积达15.58万公顷，年种植及初加工产值约287.3亿元，是海南中东部地区230万农民收入的主要来源。槟榔产业对海南农民增收、乡村振兴、热带农业产业发展具有重要意义。海南槟榔年产量占全国的95%以上，中国已跃升为世界第二大槟榔生产国，仅次于印度。槟榔非结果期较长，一般定植后7～8年开花结果，在管理较佳的情况下4～5年开花结果，盛果期达20～30年。在槟榔幼龄期不仅没有经济收入，而且还会浪费大量的土、热、光资源以及田间除草等费用，槟榔株行距一般为（1.5～3）米 ×（1.5～3）米，宽大的株行距为林下间作提供了条件。

橡胶（*Hevea brasiliensis*）为大戟科橡胶树属乔木，是重要的战略物资和工业原料。橡胶是中国种植面积最大的热带经济林，是热区农林经济的重要来源，具有重要的经济和战略价值。海南为我国主要植胶区。目前，中国橡胶种植面积为115.20万公顷，年产干胶约81万吨，其中海南省种植面积超过52.6万公顷。橡胶非生产期较长，种植后一般需要5～7年才可以开始割胶。橡胶株行距较大，大多数为（2.5～4）米 ×（6～10）米，土地利用率不高，水土流失严重。橡胶林下间作香露兜，不仅可充分利用林下闲置的光、热、水、土壤等自然资源，还可改善林间的光温条件和土壤结构，同时解决橡胶林非生产期长无产出的现状，使林地的长、中、短期效益有机结合，极大地增加林地附加值，提高综合经济效益和生态效益。选择间作香露兜的橡胶园时，应注意橡胶林下荫蔽度不宜过大，以70%以下荫蔽度为宜。

椰子（*Cocos nucifera*）为棕榈科椰子属乔木。树形高大，树干笔直、无分枝，冠幅蓬型、叶片疏松、占据空间较小、通风透光，太阳辐射光有相当部分可以透过叶层及株间到达地面。椰子是典型的热带经济作物，是海南省省树。海南是中国椰子的主产区，其种植面积和产量均占全国的90%以上。据统计，截至2020年，海南省有椰子林面积为3.45万公顷，其中，本地高种椰子面积2.87万公顷，水果型新优品种和杂交新品种椰子面积近6000公顷，涉及种植户28万多户，约114万人。在海南省实施乡村振兴战略、做强做优热带特色高效农业和建设国家生态文明试验区中发挥着举足轻重的作用。椰子非结果期较长，一般需要7～8年开花结果，中国热带农业科学院椰子研究所近年来研究的新品种矮种椰子非结果期可缩短到3～4年。椰子株行距一般为（6～7）米 ×（8～9）米，宽大的株行距为椰子林下间作提供了条件。

菠萝蜜（*Artocarpus heterophyllus*）为桑科木波罗属多年生常绿乔木，是典型的热带果树。树形高大，通常高10～15米，有强大的中央主干，低分枝，树冠圆头形或圆锥形，树龄可长达几十年。中国菠萝蜜主要分布于海南、广东、广西、云南等地，以海南、广东种植最多。中国菠萝蜜种植面积约2.67万公顷，其中主产区海南省种植面积约1.67万公顷，种植面积和产量均列居全国第一。菠萝蜜种植后3年左右即可开花结果。株行距一般为6米×6米或5米×7米，行间可间作香露兜、菠萝、香蕉、番木瓜、甘薯和花生等经济作物，提高经济效益。

面包果（*Artocarpus altilis*）为桑科木波罗属多年生常绿乔木，是典型的热带果树，也是热带木本粮食作物。树形高大，通常高10～15米，有的可高达20多米，树冠球形或扁球形，有强大的中央主干，枝条粗大，叶片大。中国海南的万宁、保亭、儋州，广东，以及台湾的宜兰、屏东、花莲有种植。面包果生长发育期较长，一般种植后3～5年陆续开花结果，6～10年进入盛产期。株行距一般为6米×6米或5米×7米，行间可间作香露兜、菠萝、蔬菜、香蕉、番木瓜、木薯、甘薯和花生等经济作物，提高经济效益。

油棕（*Elaeis guineensis*）为棕榈科油棕属乔木，是热带木本油料作物。植株高大，高达10米以上，茎直立、不分枝、圆柱状，直径达50厘米。油棕是世界上单产最高的油料作物，单位面积产量相当于大豆的8倍、花生的6倍、油菜的10倍，远远高于其他油料作物，被誉为"世界油王"，具有单产高、早结果、易管理、品质好、用途广等优点。中国油棕主要分布于海南、云南、广东、广西。油棕种植后2.5～3年即可开花结果。株行距一般为（8～9）米×（8～9）米，等边三角形种植方式，行间可间作香露兜、菠萝、西瓜、牧草、甘薯和花生等经济作物，提高经济效益。

香蕉（*Musa*）为芭蕉科芭蕉属大型草本植物，是重要的粮食作物和经济作物，是中国种植面积最大、产量最高的热带水果。中国香蕉主要分布于广东、广西、云南、海南和福建等地。中国香蕉种植面积达38万公顷，产量达1 180多万吨，其中海南省种植面积3.47万公顷，产量达120多万吨。随着香蕉种植面积的不断增加，中国已成为世界第二大香蕉生产国，也是全球香蕉的主要消费国，香蕉产业对中国农业经济发展起到重要的支撑作用。香蕉植株一般高2～4米，株行距一般为1.7米×2.2米或1.7米×2.6米，行间可以与香露兜、花生、蔬菜等经济作物间作，提高香蕉园光、热、水、土等资源利用率，增加经济效益，提高农民收入。

可可 (*Theobroma cacao*) 为梧桐科可可属多年生热带乔木，与咖啡、茶并称为"世界三大饮料作物"。一般高达4 ～ 7.5米，树干直径可达30 ～ 40厘米，冠幅6 ～ 8米。常规栽培条件下，种植后2 ～ 3年结果，6 ～ 7年进入盛产期。经济寿命视土壤与抚管水平而异，管理好的可达30 ～ 50年。中国可可主要分布在海南和云南等地。可可株行距一般为3米×3米或3米×3.5米，除了可与椰子、槟榔、橡胶等高大经济林间作外，可可行间还可间作香露兜、糯米香、花生等草本植物，增加可可园综合经济效益和生态效益。

### 2.植前准备

定植前整理土地，清除园地杂草、石头、树枝等杂物（图4-1至图4-14）。铺设喷灌设施。整地时可以结合施基肥，基肥以有机肥为主。每公顷施用优质有机肥或商品有机肥7.5 ～ 15.0吨、复合肥（15-15-15）450 ～ 750 千克。基肥宜于机耕前均匀撒施于土壤表面。所用肥料应符合NY/T 496或NY 1109的规定，其中商品有机肥和生物有机肥应分别符合NY/T 525和NY 884的规定，不应使用未经国家或海南省农业部门登记的化肥、商品有机肥料和生物肥料。畜禽粪便与饼肥施用前应参照NY/T 1334或GB/T 25246的规定进行无害化处理。

图4-1 整地前的槟榔林

图4-2　整地后的槟榔林

图4-3　整地前的橡胶林

图4-4　整地后的橡胶林

图4-5　整地前的椰子林

图4-6 整地后的椰子林

图4-7 整地前的菠萝蜜园

图4-8　整地后的菠萝蜜园

图4-9　整地前的面包果园

图4-10 整地后的面包果园

图4-11 整地前的油棕园

图4-12　整地后的油棕园

图4-13　可用于间作香露兜的香蕉园

图4-14  可用于间作香露兜的可可园

### 3.定植

（1）种苗要求  香露兜分蘖苗培育2～6个月，组培苗培育10～14个月。无论是香露兜分蘖苗还是组培苗，选择袋装苗定植，成活率高、缓苗期短、种植效果好。香露兜种苗苗龄要适中，不能过小也不能过大，苗龄过小定植后生长缓慢，苗龄过大会造成香露兜种苗根系穿透育苗袋而影响种苗出圃及种植。

香露兜种苗要求健康，无病虫害（图4-15）。种苗运输过程中要注意保护，防止风以及人为的机械损伤等。准备定植的香露兜种苗临时存放地点要求阴凉且通风。

（2）定植时期  香露兜定植期间以有降水、土壤湿润、日均温20℃以上为适宜时期。在海南，以3～10月定植较好。定植应选择在晴天下午或者阴天进行，有利于香露兜种苗成活和恢复生长。

（3）定植规格与密度  香露兜定植于间作林的行间，距离间作林行50厘米以上。根据间作林行距宽度，可采用双行、三行或多行定植，香露兜株行距一般为（40～60）厘米×（40～60）厘米（图4-16至图4-25）。一般每公顷定植香露兜种苗22 500～37 500株。也可以根据间作林的株行距、荫蔽度和生长特性等情况，适当调整定植规格和定植密度。

图4-15  健康的香露兜种苗

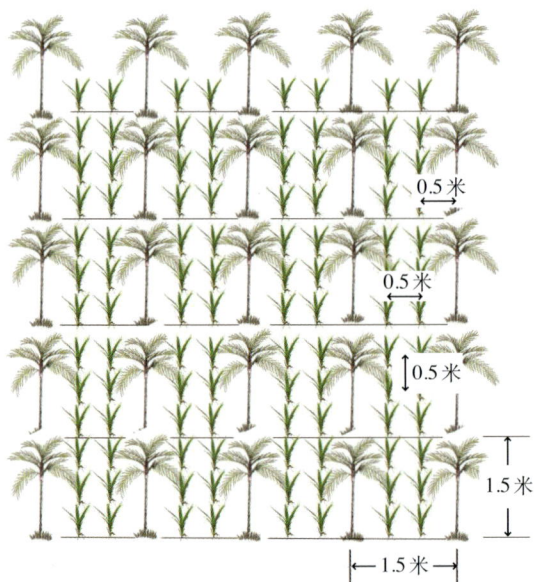

图4-16  槟榔林下间作香露兜种植模式示意图（双行）

图4-17　槟榔林下间作香露兜种植模式（双行）

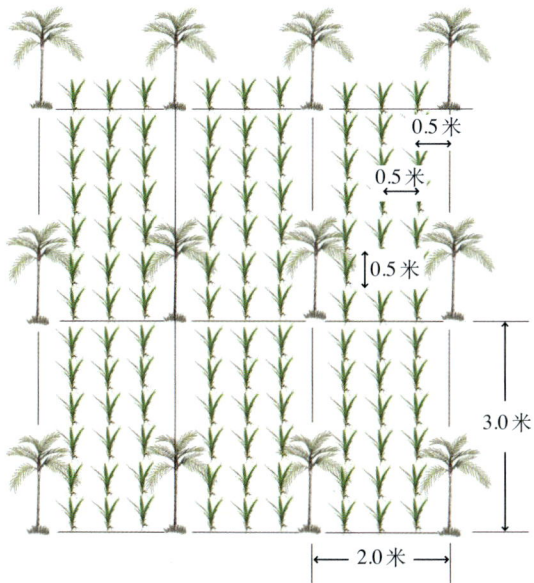

图4-18　槟榔林下间作香露兜种植模式示意图（三行）

图4-19　槟榔林下间作香露兜种植模式（三行）

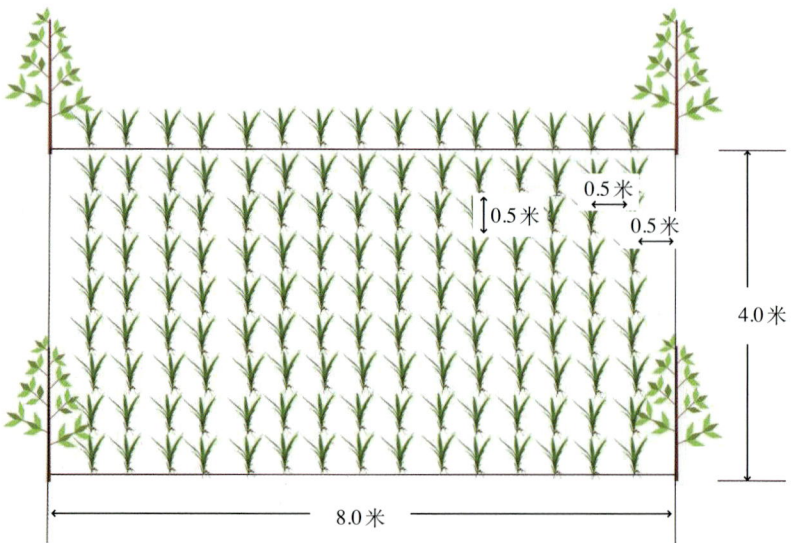

图4-20　橡胶林下间作香露兜种植模式示意图（多行）

图4-21　橡胶林下间作香露兜种植模式（多行）

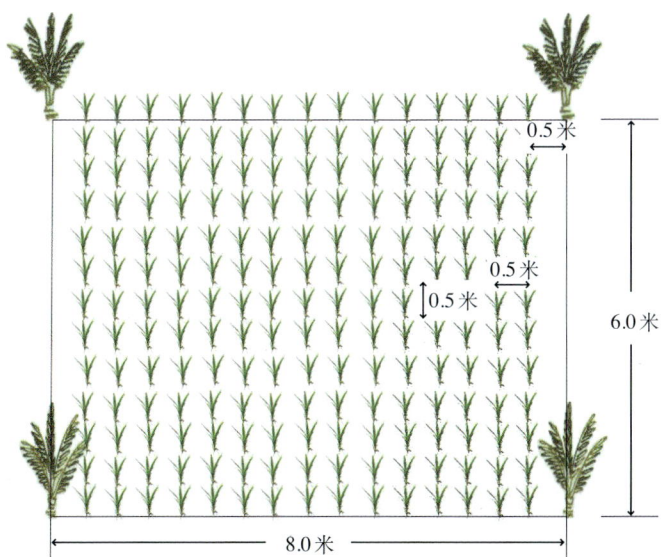

图4-22　椰子林下间作香露兜种植模式示意图（多行）

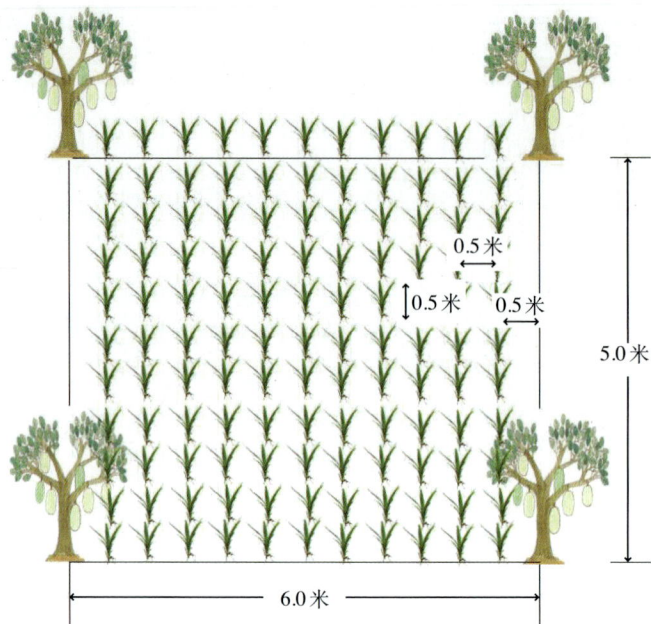

图4-23 菠萝蜜林下间作香露兜种植模式示意图（多行）

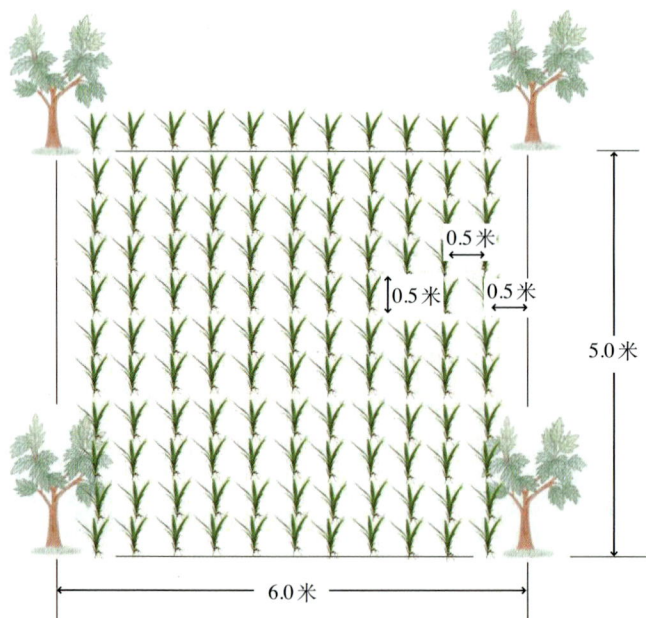

图4-24 面包果林下间作香露兜种植模式示意图（多行）

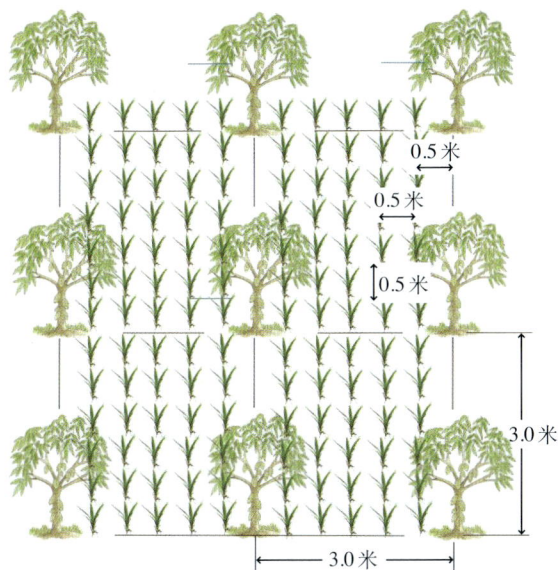

图4-25 可可林下间作香露兜种植模式示意图（多行）

（4）定植方法 香露兜种苗定植前要拉线定标，确保林下种植香露兜株行距一致，种植园整齐美观（图4-26）。使用香露兜袋装苗定植，挖穴时，植

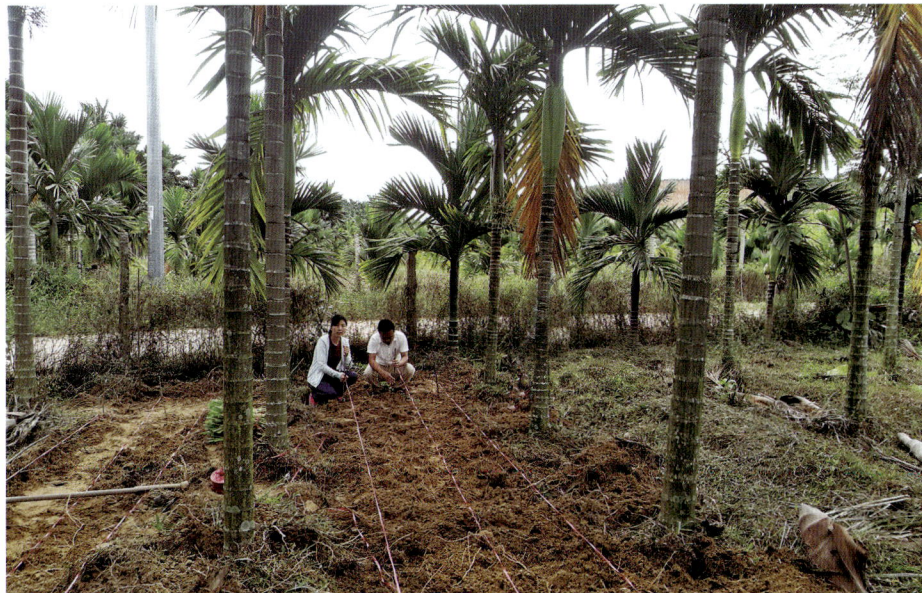

图4-26 拉线定植

穴稍大于育苗袋，植穴长度、宽度和深度一般为（10 ～ 15）厘米 ×（10 ～ 15）厘米 ×（10 ～ 15）厘米（图4-27、图4-28）。植穴底部土壤需要疏松，以促进香露兜根系生长。定植时，去掉育苗袋后，将种苗轻放入植穴中。种苗土团与地面齐平，香露兜叶片全部露出植穴。回填土壤，并踩实种苗四周土壤。回填后的植穴，应与周边地面持平或略低。全部定植完成后，收集田间育苗袋并集中处理。定植后要淋足定根水。

图4-27　挖植穴

图4-28　植穴大小

（5）植后管理　定植后1周内，光照强、温度较高时，每天浇水1次；如遇阴天，每2天浇水1次，保持土壤湿润。定植1周后香露兜苗成活抽新叶，可适当减少浇水次数，每5～7天灌水1次。浇水后浸透土壤深度达20～30厘米为准。浇水应在11时以前或15时以后，避免高温时浇水对香露兜种苗的伤害。

定植后15～20天，全园全面检查香露兜种苗成活情况。如有植株受损或死株，要及时补种，保持种植园苗木整齐。

## 二、单作种植

香露兜喜水，在水源充足条件下，香露兜也可以在路边、溪边、鱼塘边、庭院、房前屋后等空地种植（图4-29至图4-32）。通过合理施肥和灌溉促进香露兜生长，增加经济效益。香露兜单作种植时，植前准备、种苗要求、定植时期、定植规格与密度、定植方法和植后管理等技术要点可参考林下复合种植。单作种植时，可根据种植地块大小和周围水源情况，适当种植速生植物为香露兜提供一定的荫蔽，如黄槿、玉米、山毛豆等植物（图4-33、图4-34）。

图4-29　湖边种植香露兜

图4-30 路边种植香露兜

图4-31 溪边种植香露兜

图4-32　围墙边种植香露兜

图4-33　香露兜单作种植黄槿遮阴

图4-34  香露兜单作种植玉米遮阴

## 三、盆栽

香露兜和其他绿植花卉一样，可以进行盆栽。香露兜盆栽在印度尼西亚、马来西亚、新加坡、泰国等国家一些大城市以及我国海南、广州等地的庭院、室内、阳台已成为一种时尚。香露兜盆栽看上去朴实无华，实则幽香清远，既能美化环境，又能芳香居室，还可祛除屋内异味。

香露兜盆栽，其生长发育所需的营养元素及水分主要来源于盆栽营养土和日常管理的施肥与浇水，因此盆栽营养土的配制尤其重要。通常以腐殖质为主，可以选用腐叶土、腐殖土等。也可以人工配制疏松、通气、透水的营养土。一般将腐叶土、泥土、有机肥按照3：6：1的比例配制，也可以适当添加蛭石或河沙。有机肥要充分腐熟，或直接使用商品有机肥，以避免因使用新鲜有机肥产生热反应，造成香露兜苗根系灼伤，甚至死苗。

### 1.盆栽容器的选择

香露兜属于多年生草本植物，容器可根据种苗大小进行选择。一般可选直径20厘米以上、高20厘米以上的容器。可选择陶瓷花盆、塑料花盆、石材盆、砂岩花盆、紫砂盆、瓦盆、木盆等作为盆栽容器（图4-35）。不同盆栽容器各有优缺点，香露兜盆栽花盆必须具有透水、透气的功能。同时也可以选择玻璃器皿作为香露兜水培容器（图4-36）。

图4-35　香露兜盆栽

图4-36　水培香露兜

## 2.种植与管理

在盆栽容器底层铺陶粒、小石块或瓦片，起过滤作用，同时陶粒还可以起到透气透水和保水保肥的作用，保持土壤的疏水性。然后填入1/3营养土，袋装苗去除育苗袋后放入容器中，周围填满营养土，营养土深度略浅于盆栽容器，所有叶片全部露出营养土，避免营养土覆盖叶片造成叶片腐烂。淋足水。土面可覆盖椰糠、树叶、谷壳等，保持盆土湿润。也可在表面铺一层陶粒，既具有一定的美观效果，也能避免浇水时盆中的土壤飞溅出来。盆栽容器底部放置接水托盘，用于接住容器内流出的多余水分。盆栽幼苗需要放置在阴凉处，2个月以后可以适当放置在有阳光的地方。盆栽香露兜时要确保盆栽容器中营养土的湿润度，一般水分含量需达到土壤田间最大持水量的30%～80%。定时定量淋水，每2～3天淋水1次。淋水要与叶面除尘相结合。松土也要与淋水相结合进行。

种植后4～5个月开始施肥。每盆施15～20克复合肥或100～150克有机肥，每3～6个月施肥1次。同时，也可以喷施叶面肥。及时修剪发黄的老叶。

盆栽香露兜植株生长相对比较缓慢，但叶片浓绿，根系发达。由于香露兜生长发育会逐渐消耗盆土的养分，因此为保证香露兜的健康生长，应及时换盆换土。当发现香露兜根系从盆洞口爬出，叶片变小、卷曲，或者嫩叶难以抽生时，就应该换盆。

换盆时，应提前往盆中淋水，然后小心地将香露兜苗连土一起从盆中移出，尽量减少盆土和根系的损伤。脱盆后，削掉四周及底部的营养土。在准备好的更大新盆底部铺陶粒、小石块或瓦片，再装入小部分新的营养土，然后将原带营养土的香露兜苗移植到新盆内，周围填满新的营养土，营养土深度略浅于盆栽容器。所有叶片全部露出营养土，淋足水。土面可铺一层陶粒进行装饰，放置在阴凉处，完成换盆。

# 第三节　田间管理

香露兜定植10～12个月即可开始收割叶片，经济寿命可达15年。为确保长期的高产稳产，在香露兜生长过程中，加强施肥、除草、灌溉、遮阴等管理是非常重要的环节，也是提高香露兜品质的关键环节。

## 一、施肥管理

香露兜的生长周期大致可分为幼龄期、成龄期和衰老期。幼龄期以培养植株和扩展根系为主，为后期收获叶片奠定基础，该时期要确保氮肥、磷肥的供应，同时适当配施钾肥。成龄期主要以收割叶片为主，这个时期应重视氮肥、磷肥、钾肥的合理配施。衰老期以促进更新复壮、延长收获期为主要目标，此时应以氮肥为主，适当配施磷肥和钾肥。

## （一）肥料种类

### 1.有机肥

有机肥营养元素齐全，不仅含有作物需要的氮、磷、钾等大量元素，还含有钙、镁、铁、锌、硼等中微量元素。同时还有纤维素、半纤维素、蛋白质、脂肪、氨基酸、腐殖酸等。有机肥绝大部分是有机物质，因此不但可以为农作物提供充足的养分，还可以增加土壤中有机质含量，改善土壤物理、化学及生物学性质，很好地稳定土壤pH，缓解土壤酸化，改善土壤含水量、容重和结构，改善土壤微生物群落、土壤动物数量和酶活性，从而达到改良土壤的效果。施用有机肥是提升耕地质量的重要技术措施之一，也是实现畜禽粪便、秸秆等农业生产副产品资源化利用的途径之一。

有机肥来源广泛，种类繁多。1990年农业部在全国11个省（自治区）广泛开展有机肥调查的基础上，根据有机肥的资源特性和积作方法，将我国有机肥归纳为粪尿类、堆沤肥类、秸秆肥类、绿肥类、土杂肥类、饼肥类、海肥类、腐殖酸类、农业城镇废弃物、沼气肥10大类（表4-1）。生产上实际使用的有机肥远不止这些。

### 表4-1 全国有机肥类别与品种

| 类别 | 品 种 |
|---|---|
| 粪尿类 | 人粪尿、猪粪尿、马粪尿、牛粪尿、羊粪尿、骡粪尿、驴粪尿、兔粪、鸡粪、鸭粪、鹅粪、鸽粪等 |
| 堆沤肥类 | 堆肥、沤肥、草塘泥、卤肥、猪圈肥、马厩肥、牛栏粪、骡圈肥、驴圈肥、羊圈肥、兔窝肥、鸡窝粪、棚粪、鸭棚粪、土粪等 |
| 秸秆肥类 | 水稻秸秆、小麦秸秆、大麦秸秆、玉米秸秆、荞麦秸秆、大豆秸秆、油菜秸秆、花生秆、高粱秸秆、谷子秸秆、棉花秆、马铃薯藤、烟草秆、辣椒秆、番茄秆、向日葵秆、西瓜藤、麻秆、冬瓜藤、南瓜藤、绿豆秆、豌豆秆、胡豆秆、香蕉茎叶、甘蔗茎叶、洋葱茎叶、芋头茎叶、黄瓜藤、芝麻秆等 |
| 绿肥类 | 紫云英、金花菜、紫花苜蓿、草木樨、豌豆、箭筈豌豆、蚕豆、萝卜菜、油菜、田菁、柽麻、猪屎豆、绿豆、豇豆、泥豆、紫穗槐、三叶草、沙打旺、满江红、水花生、水莲、水葫芦、蒿草、苦刺、山杜鹃、黄荆、马桑、扁荚山鲣豆、桤木、粒粒苋、小葵子、黑麦草、印尼大绿豆、络麻叶、苜蓿、空心莲子草、葛藤、红豆草、茅草、含羞草、马豆草、松毛、蕨菜、合欢、马缨花、大狼毒、麻栎叶、绊牛豆、鸡豌豆、菜豆、薄荷、野烟、麻柳、山毛豆、秧青、无芒雀麦、橡胶叶、稗草、狼尾草、红麻、竹豆、过河草、串叶松香草、苍耳、小飞蓬、野扫帚、多变小冠花、大豆、飞机草等 |

（续）

| 类别 | 品 种 |
|---|---|
| 土杂肥类 | 草木灰、泥肥、肥土、炉灰渣、焦泥灰、屠宰场废弃物、熟食废弃物、蔬菜废弃物、酒渣、酱油渣、粉渣、豆腐渣、醋渣、味精渣、糖粕、食用菌渣、酱渣、磷脂肥、药渣、黄麻、羽毛渣、骨粉、自然土、杂灰、烟厂渣等 |
| 饼肥类 | 豆饼、菜籽饼、花生饼、芝麻饼、茶籽饼、桐籽饼、棉籽饼、柏籽饼、葵花籽饼、蓖麻籽饼、胡麻籽饼、烟籽饼等 |
| 海肥类 | 鱼类、鱼杂类、虾类、虾杂类、贝类、贝杂类、海藻类、植物性海肥、动物性海肥等 |
| 腐殖酸类 | 褐煤、风化煤、腐殖酸钠、腐殖酸钾、腐殖酸复混肥、腐殖酸、草甸土、复混钙肥等 |
| 农业城镇废弃物 | 城市垃圾、生活污水、粉煤灰、钢渣、工业废水、污泥、工业废渣、肌醇渣、生活污泥、糠醛渣等 |
| 沼气肥 | 沼液、沼渣 |

各类畜禽粪、秸秆、落叶、青草、动植物残体需要按比例相互混合或与少量泥土混合进行好氧发酵腐熟而成干肥，也称堆肥。畜禽尿、豆饼、芝麻饼、茶籽饼、菜籽饼等饼肥一般需沤制成水肥，也称沤肥。厩肥是猪、牛、马、羊、鸡、鸭等畜禽的粪尿与秸秆垫料堆沤制成的有机肥。堆肥、沤肥和厩肥统称为堆沤肥，是我国农业生产中施用量最多的农家有机肥。在密封的沼气池中，有机物腐解产生沼气后的副产物为沼气肥，包括沼液和沼渣。绿肥是利用栽培或野生的绿色植物体作肥料。

### 2.无机肥

无机肥为矿质肥料，也叫化学肥料，简称化肥。它具有成分单纯、有效成分含量高、易溶于水、分解快、易被根系吸收等特点，故称为速效性肥料。无机肥主要指用化学合成方法生产的肥料，包括氮肥、磷肥、钾肥、中量元素肥料、微量元素肥料、复合肥及复混肥等。

（1）氮肥 是世界化肥生产和使用量最大的肥料品种。合理的氮肥施用量对于提高作物产量、改善农产品质量有重要作用。氮肥主要有铵态氮肥（碳酸氢铵、硫酸铵、氯化铵等）、硝态氮肥（硝酸钾、硝酸钙）和酰胺态氮肥

（尿素）。铵态氮肥易氧化变成硝酸盐，硝化过程产生的氢离子（H⁺）会导致土壤逐渐酸化，土壤pH降低，影响香露兜的生长。同时香露兜过量吸收铵态氮对钙、镁、钾的吸收有一定的抑制作用。因此，在生产上要科学合理地使用碳酸氢铵、硫酸铵、氯化铵等铵态氮肥。硝酸钾、硝酸钠和硝酸钙等硝态氮肥可以为香露兜提供两种重要的营养元素，其中硝酸钾的氮钾比例（1：2.8）适中，肥料溶解度高。硝酸钙的氮钙比例（1：1.4）相对平均，含有丰富的钙离子，肥料中的钙能中和酸性土壤中的氢离子（H⁺），连年施用能改善土壤pH，广泛适用于各类土壤，特别是在缺钙的酸性土壤上施用，效果会更好。该肥料水溶性好，养分较易流失，可少量分次施用，且不宜在雨前施用。

（2）磷肥　主要有过磷酸钙、重过磷酸钙、钙镁磷肥、磷酸一铵、磷酸二铵、聚磷酸铵、磷矿粉、硝酸磷肥等。过磷酸钙能溶于水，为酸性速溶性肥料，适合在中性、碱性土壤中施用，可作基肥、追肥、叶面肥。重过磷酸钙是目前广泛使用的浓度最高的单一水溶性磷肥，肥效高，适应性强，具有改良碱性土壤作用，适合在中性、碱性土壤中施用，可作基肥、追肥、叶面肥。钙镁磷肥是一种含磷，同时含有钙、镁、硅等成分的多元碱性肥料，不溶于水，适用于酸性土壤，肥效较慢，作基肥深施比较好。磷酸一铵和磷酸二铵是以磷为主的高浓度速效氮磷二元复合肥，易溶于水，主要用作基肥。其中磷酸一铵为酸性肥料，适合在中性和碱性土壤中施用；磷酸二铵为碱性肥料，适合在中性和酸性土壤中施用。

（3）钾肥　在植物生长发育过程中，钾参与60种以上酶系统的活化、光合作用、同化产物的运输、碳水化合物的代谢和蛋白质的合成等过程，能够有效地提高农作物产量，改善农作物品质。钾肥主要有氯化钾、硫酸钾、磷酸二氢钾、硫酸钾镁、硝酸钾等。氯化钾在中性或酸性土壤上施用最好与有机肥或磷矿粉配合施用，一方面可以防止土壤酸化，另一方面还能促进磷的有效化，但它不宜在盐碱土施用。硫酸钾含有的养分较多，如硫、铁、锌、钼、镁等中量或微量元素，施用后不但容易被作物吸收，还能调整土壤结构、增强地力，不会引起土壤酸化。硫酸钾镁肥是一种多元素钾肥，除含钾、镁、硫外，还含有钙、硅、硼、铁、锌等元素，呈弱碱性，适合在中性和酸性土壤中施用，一般作基肥，也可作追肥。

（4）中量元素肥料　包括钙、镁、硫肥。钙肥常见的有石灰、石膏、氯化钙、含钙多的磷肥（磷酸钙、钙镁磷肥、磷矿粉、沉淀磷酸钙等）以及硝酸钙等。石灰是最主要的钙肥，包括生石灰、熟石灰、碳酸石灰3种。石灰为强碱性，除能补充香露兜的钙营养外，还具有调节酸性土壤酸碱度的效果，进而改善土壤结构，促进土壤有益微生物活动，加速有机质分解和养分释放。农用石膏包括生石膏、熟石膏和磷石膏3种。镁肥包括硫酸镁、钙镁磷肥、氯化镁等。含硫肥料种类较多，大多为氮、磷、钾及其他肥料的副成分，比如硫酸铵、硫酸钾、硫酸钾镁、硫酸镁等。

（5）微量元素肥料　包括硼、锌、铁、锰、铜、钼肥等。常见的硼肥有硼酸、硼砂、四硼酸钠、五硼酸钠等。常用的锌肥有硫酸锌、氯化锌、碳酸锌、螯合锌、硝酸锌等。常用的铁肥包括硫酸亚铁、氨基酸螯合铁等。常用的锰肥主要有硫酸锰、氯化锰、氧化锰、碳酸锰等。铜肥最常用的是硫酸铜，白色粉末，易溶于水。钼肥最常用的是钼酸铵和钼酸钠，易溶于水，可用于基肥和追肥。

## （二）有机肥的积制方法

### 1.堆肥的积制方法

农业生产中常用的有机物料为牛粪、羊粪、鸡粪等，加入饼肥、秸秆、泥土、过磷酸钙等一起堆沤。作为基肥，积制过程中牛粪、羊粪、鸡粪等与表土的比例为1 :（1.5～2）。积制过程中一般要翻动2～3次，需要积制2～3个月，达到腐熟、细碎、混匀才可以使用。

### 2.沤肥（水肥）的积制方法

水肥一般由人畜粪尿、饼肥、绿叶和水一起沤制。水肥浓度可按照1 000千克水加入150～200千克牛粪或羊粪、饼肥2～3千克、豆科绿叶30～50千克。沤制期间要搅拌2～3次，1个月以后搅拌不冒气泡即可使用。

## （三）施肥原则

施肥的主要目的是通过施肥改善土壤理化性状，协调作物生长环境，提供作物所需养分，增加作物产量，改善作物品质，并保持和提高土壤肥力。施肥时要根据园地肥力情况、作物生长情况和肥料效率确定施肥时期、次数和每次施肥量。

### 1.有机肥的施用原则

积制的堆肥和水肥要充分腐熟后才可以使用，以杀灭各种寄生虫卵和病原菌、杂草种子等，达到无害化卫生要求。严禁生粪直接下地施用。堆肥主要用作基肥施用，水肥可用作追肥施用。商品有机肥必须使用按照肥料登记管理办法办理登记并取得登记证号的有机肥。商品有机肥既可用作基肥，也可用作追肥。

### 2.氮肥的施用原则

氮肥应遵循配施、深施原则。氮肥与适量磷、钾肥以及中微量元素肥料配施，增产效果明显。氮肥与有机肥配合施用，可取长补短、缓急相济，互相促进，在及时满足作物营养生长需求外，还可以改良土壤，做到用地养地相结合。尿素、硫酸铵、碳酸氢铵等氮肥深施不仅能减少氮素的挥发、淋失和反硝化损失，还可以减少杂草对氮素的消耗，从而提高氮肥利用率，延长肥料的使用时间。

### 3.磷肥的施用原则

磷肥应遵循深施、集中施原则。磷肥在土壤中易固定，移动性差，不能表施，要集中施在作物根部附近，增加与作物根系接触的机会。在南方酸性红壤地区，宜施用钙镁磷肥。过磷酸钙和重过磷酸钙做基肥施用时，应与有机肥混合施用。

### 4.钾肥的施用原则

钾肥应遵循深施、集中施原则。钾肥深施可减少因表层土壤干湿交替频繁所引起的晶格固定；钾素在土壤中移动性小，因此集中施用可减少钾与土壤的接触面积从而减少固定，提高钾肥利用率。在南方酸性红黄壤地区，宜施用硫酸钾镁肥，施用时要避免与作物幼根直接接触，以防伤根。一般作基肥，也可作追肥。

有机肥虽然具有有机质含量丰富、养分全面、改良土壤等作用，但也存在养分含量少、肥效迟缓、当年氮利用率低等缺点。因此，为了获得高产、提高肥效，施肥时应将有机肥和化学肥配合使用，以便互相取长补短、缓急相济。单方面偏重有机肥或者无机肥，都是不合理、不科学的。

### （四）施肥方法

香露兜种植前，应根据土壤养分情况施基肥。一般每公顷施用优质有机肥或商品有机肥7.5～15.0吨、复合肥（15-15-15）450～750千克。施基肥应与整地相结合，宜于翻地前均匀撒施于土壤表面。幼苗期根据香露兜生长情况可追肥一次。每公顷追施尿素225～300千克、复合肥（15-15-15）300～450千克。

香露兜生长10～12个月，即可进入收获期。收获期每年宜施肥2次。气温高，香露兜长势欠佳时，可增加施肥1次。每公顷单次追施尿素375～450千克、复合肥（15-15-15）450～750千克、优质有机肥或商品有机肥1 500～2 250千克。也可以喷施叶面肥。

## 二、水分管理

香露兜生长过程中需要充足的水分，以土壤田间最大持水量30%～80%为宜。干旱会导致香露兜生长缓慢，下部老叶逐渐出现干枯甚至整株死亡。香露兜整个生育期都需要充足的水分，高温干旱少雨季节要及时灌溉，灌溉一般在上午、傍晚或夜间土温不高时进行，浇透为止。

规模化种植香露兜地区，浇水工作非常繁重，因此最好在雨季初定植。在降水量少的地区，种植香露兜前一定要做好灌溉设施建设，以满足香露兜生长过程中的水分需求。建议在间作带纵向铺设喷灌设施，喷水范围应覆盖整个间作带。同时应修建排水沟。

## 三、除草

香露兜定植后，种植园的杂草应采用物理方法除草，请勿使用除草剂进行除草。幼苗期香露兜未封行前，田间杂草可使用打草机除草（图4-37），也可使用锄头除草。除草工作在定植1个月后进行，以后每隔1～2个月进行1次，每年3～4次。进入收获期的香露兜种植园已基本封行，田间杂草也相应减少，此时的杂草可以人工拔除（图4-38）。

图4-37　打草机除草（幼苗期）

图4-38　人工拔草（收获期）

## 四、灾害天气防范

### （一）寒害预防处理

寒害是我国香露兜种植遭遇的主要自然灾害之一。香露兜在年平均温度21℃以上无霜地区均可正常生长，年平均温度25～28℃时最适宜香露兜生长。当温度低于10℃时，香露兜嫩叶会逐渐出现寒害症状，嫩叶逐渐出现干枯症状，严重时整株出现寒害症状。自引种香露兜以来，各植区均出现过不同程度的寒害，如2018年12月广东广州，2021年1月海南琼海，2021年12月海南儋州、文昌等地发生的香露兜寒害，轻者叶片停止生长、叶尖枯萎，严重时整片叶枯萎，甚至整株死亡。因此，针对冬春低温阴雨天气，在气温较低时，要做好防寒工作。

### 1.寒害症状

轻度寒害症状主要表现为：叶片发黄发白、嫩叶干枯、叶尖干枯；重度寒害表现为：叶片大面积枯萎，甚至整株死亡（图4-39、图4-40）。

图4-39　香露兜寒害症状（幼苗期）

图4-40 香露兜寒害症状（收获期）

### 2.防寒技术

（1）**选好防寒地形** 在低温地区应选择低海拔背风面的地方种植香露兜，特别是在云南和广东等地区种植香露兜更应该注意地形的选择。在高海拔地区香露兜寒害随海拔升高而加重。受地形影响，海拔越高温度越低，海拔每升高100米，年平均气温下降0.6℃左右，昼夜温差也随之增大。在云南、广东等地区以及海南五指山、白沙、琼中等市县种植香露兜时，应选择低海拔背风面种植，可减少香露兜寒害症状。

（2）**施肥防寒** 寒潮来临前，施用草木灰、火烧土、农家肥等富含钾的肥料，或施用化学钾肥，如硫酸钾、硫酸钾镁肥等，同时合理使用叶面肥，可增强香露兜抗寒能力。幼龄期每公顷可施75～150千克硫酸钾，收获期每公顷可施225～300千克硫酸钾。

（3）**根部灌溉防寒** 低温来临前，利用井水进行灌溉，可提高土壤的含水量和地温，防止接近地面的温度骤然降低，引起冻害。有霜冻时还应在早晨太阳出来前喷灌叶面水洗霜，避免太阳出来融霜时冻伤叶片。

（4）**防病保叶**　低温阴雨天气，要及时修剪香露兜受害叶片和清除枯叶，并集中于园外烧毁，预防病害发生。此时香露兜易感多种病害，可选用80%代森锰锌可湿性粉剂800倍液、40%嘧菌酯可湿性粉剂1 500倍液、20%噻菌铜悬浮剂500倍液或50%甲基硫菌灵硫黄悬浮剂800倍液，每隔5～7天喷1次，连喷2～3次。

（5）**合理种植**　香露兜定植时间应避开低温阴雨天气，在海南一般3月至11月中旬定植，12月至翌年2月不宜定植。选择在槟榔、椰子、橡胶、菠萝蜜等林下种植，可减少低温对香露兜生长的影响。

### （二）台风灾害预防处理

台风也是影响热带地区作物生长的主要自然灾害之一，对香露兜的生长也有一定的影响。台风风力大小差异对香露兜造成的损害也不尽相同，主要会导致香露兜叶片损伤，严重时会导致植株茎干断裂。主要预防处理措施如下。

#### 1.设置排灌系统

在种植香露兜前，要做好园区规划，设置排灌系统，便于台风后及时排水。在种植园四周设置环园大沟，园内设纵沟和横沟，且与小区的排水沟互相连通，根据地势地形确定各排水沟的大小与深浅。坡地建园还应在坡上设置防洪沟，减少水土流失。

#### 2.排除积水

台风期间和台风后及时清除枯枝落叶、淤泥等杂物，疏通排水沟，加快地面积水的排除。

#### 3.病虫害防治

台风过后容易发生香露兜茎腐病、叶斑病等病害，可选用77%氢氧化铜可湿性粉剂500倍液、80%代森锰锌可湿性粉剂800倍液或40%嘧菌酯可湿性粉剂1 500倍液，每3天全园喷药1次，连续喷药2～3次。

#### 4.水肥管理

在香露兜植株恢复生长后，根据长势，可适当薄施有机肥、水溶性肥料或喷施叶面肥，以恢复植株长势。

# Chapter 5
# 第五章　香露兜病虫害防治

香露兜通常生长健壮，生产上病虫害相对较少发生，但如何有效地防治病虫害，仍是香露兜丰产稳产以及产业可持续发展的重要环节。由于香露兜是引进作物，加上国内产业近几年才逐渐形成，国内香露兜病虫害的研究才刚刚起步。近几年对海南种植的香露兜进行病虫害调查发现，目前危害香露兜的主要病害为茎腐病和叶斑病，其他有害生物有蛞蝓、蛾类幼虫、蝗虫等。

## 第一节　病虫害防治技术总则

### 一、防治原则

应遵循"预防为主，综合防治"的植保方针，从种植园整个生态系统出发，针对香露兜田间管理过程中主要病虫害种类的发生特点及防治要求，综合考虑影响病虫害发生与危害的各种因素，以区域性植物检疫为前提，坚持"农业防治、生物防治和物理防治为主，化学防治为辅"的治理原则，对香露兜病虫害进行安全有效的防治。

### 二、综合防治技术

#### 1.区域性检疫

遵守植物检疫的相关法律法规，不能随意从疫区引种。产地间种苗流通应做好产地检疫，避免种苗携带病斑、病菌、害虫、虫卵等有害生物，防止或延缓病虫害人为传播。

## 2.农业防治

利用农业管理措施和栽培技术，创造适宜香露兜生长发育和有益生物生存繁殖而不利于病虫发生的环境条件，避免病虫害发生和减轻病虫危害。

做好园区规划和设置排灌系统是香露兜病害农业防治的关键措施。台风吹打造成香露兜叶片及植株受损，台风雨造成的长时间积水是病原菌侵染的理想环境，流水是病原菌传播的主要途径。高温和低温易造成香露兜叶片受损，易感病。因此，林下间作香露兜可以减少台风、高温及低温等极端天气对香露兜生长的影响。

定期巡视园区，及时发现病虫害并清除病原能够有效避免或减轻病虫危害。发现病害要及时摘除病叶，严重时砍除病株以清除病源，将带病植株残体集中园外销毁。

## 3.物理防治

生产上采用物理手段消灭病原菌和害虫，可以达到防控病虫害的目的。如采用蒸汽或火焰等高温消毒措施处理土壤，能够杀灭土壤及病残体中的细菌、真菌、昆虫、虫卵等有害生物；通过喷洒茶麸液，撒施草木灰、石灰粉、信息素等，能够针对性诱杀害虫；使用诱虫灯或捕虫板等害虫诱杀设备诱杀害虫。

## 4.生物防治

优先选用寄生蜂、天敌、微生物源和植物源生物农药，选用对天敌杀伤力小的杀虫剂和杀菌剂。

## 5.化学防治

化学防治是使用化学农药防治动植物病虫害的方法。化学农药是国内外种植业生产上应用最广泛的一种病虫害防控手段，在病虫害综合防治中占有重要地位。化学农药具有使用方便、见效快、效果显著、不受地区和季节限制等特点，适于大面积防治，是有害生物综合治理中不可缺少的一环。但长期使用某些化学农药，不仅会引起有害生物的抗药性，降低防治效果，而且会污染农产品、空气、土壤和水域，危及人畜健康和生态环境，也会杀伤有益生物，如杀伤害虫天敌会引起次要害虫数量上升和某些害虫再猖獗。

农药使用时需遵循相关法律法规，尽量选择高效低毒低残留的药剂种类，严禁使用禁用农药（表5-1至表5-3）。同时注意农药使用安全期和间隔期，做好安全防护。

表5-1　国家禁止和限制使用的农药

| 类别 | 农药种类 | 禁止范围 |
|---|---|---|
| 禁止生产、销售和使用的农药（38种） | 甲胺磷、甲基对硫磷、对硫磷、久效磷、磷胺、六六六、滴滴涕、毒杀芬、二溴氯丙烷、杀虫脒、二溴乙烷、除草醚、艾氏剂、狄氏剂、汞制剂、砷类、铅类、敌枯双、氟乙酰胺、甘氟、毒鼠强、氟乙酸钠、毒鼠硅、苯线磷、地虫硫磷、甲基硫环磷、磷化钙、磷化镁、磷化锌、硫线磷、蝇毒磷、治螟磷、特丁硫磷、氯磺隆、胺苯磺隆、甲磺隆、福美胂、福美甲胂 | 全面禁止 |
| 限制使用的农药 | 甲拌磷、甲基异柳磷、内吸磷、克百威、涕灭威、灭线磷、硫环磷、水胺硫磷、硫丹和氯唑磷 | 禁止在蔬菜、果树、茶树、中草药材上使用 |
| | 氧乐果 | 禁止在甘蓝、柑橘树上使用 |
| | 三氯杀螨醇和氰戊菊酯 | 禁止在茶树上使用 |
| | 丁酰肼（比久） | 禁止在花生上使用 |
| | 灭多威 | 禁止在柑橘树、苹果树、茶树、十字花科蔬菜上使用 |
| | 溴甲烷 | 禁止在草莓、黄瓜上使用 |
| | 毒死蜱和三唑磷 | 禁止在蔬菜上使用 |
| | 氟虫腈 | 除卫生用、玉米等部分旱田种子包衣剂外的其他用途，禁止在其他方面的使用 |
| | 杀扑磷 | 禁止在柑橘上使用 |
| | 溴甲烷和氯化苦 | 使用范围仅为土壤熏蒸，撤销其他用途 |
| | 高毒和剧毒农药 | 不得用于瓜果、蔬菜、茶叶、中草药 |

注：引自国家禁止和限制使用的农药。中国蔬菜，2016(4)：83。

表5-2　农业农村部禁限用农药名录

| 类别 | 农药种类 |
|---|---|
| 禁止（停止）使用的农药（46种） | 六六六、滴滴涕、毒杀芬、二溴氯丙烷、杀虫脒、二溴乙烷、除草醚、艾氏剂、狄氏剂、汞制剂、砷类、铅类、敌枯双、氟乙酰胺、甘氟、毒鼠强、氟乙酸钠、毒鼠硅、甲胺磷、对硫磷、甲基对硫磷、久效磷、磷胺、苯线磷、地虫硫磷、甲基硫环磷、磷化钙、磷化镁、磷化锌、硫线磷、蝇毒磷、治螟磷、特丁硫磷、氯磺隆、胺苯磺隆、甲磺隆、福美胂、福美甲胂、三氯杀螨醇、林丹、硫丹、溴甲烷、氟虫胺、杀扑磷、百草枯、2,4-滴丁酯 |
| 在部分范围禁止使用的农药（20种） | 甲拌磷、甲基异柳磷、克百威、水胺硫磷、氧乐果、灭多威、涕灭威、灭线磷、内吸磷、硫环磷、氯唑磷、乙酰甲胺磷、丁硫克百威、乐果、毒死蜱、三唑磷、丁酰肼（比久）、氰戊菊酯、氟虫腈、氟苯虫酰胺 |

注：引自农业农村部：最新禁限用农药名录公布.中国农资,2019(47):1。

表5-3　海南经济特区禁止生产运输储存销售使用农药名录

| 类别 | 农药种类 |
|---|---|
| 禁止生产、运输、储存、销售、使用含有以下成分的农药（68种） | 1.六六六；2.滴滴涕；3.毒杀芬；4.二溴氯丙烷；5.杀虫脒；6.二溴乙烷；7.除草醚；8.艾氏剂；9.狄氏剂；10.汞制剂；11.砷类；12.铅类；13.氟乙酰胺；14.甘氟；15.毒鼠强；16.氟乙酸钠；17.毒鼠硅；18.甲胺磷；19.对硫磷；20.甲基对硫磷；21.久效磷；22.磷胺；23.甲拌磷；24.氧乐果；25.水胺硫磷；26.特丁硫磷；27.甲基硫环磷；28.治螟磷（有机磷产品中含有治螟磷成分在标准允许范围之内的除外）；29.甲基异柳磷；30.内吸磷；31.涕灭威；32.克百威；33.灭多威；34.灭线磷；35.硫环磷；36.蝇毒磷；37.地虫硫磷；38.氯唑磷；39.苯线磷；40.杀扑磷；41.硫丹；42.五氯酚（五氯苯酚）；43.氯丹；44.灭蚁灵；45.溴甲烷；46.磷化铝；47.磷化锌；48.磷化钙；49.磷化镁；50.硫线磷；51.敌枯双；52.六氯苯；53.丁硫克百威；54.乐果；55.氟虫腈；56.乙酰甲胺磷；57.氯磺隆；58.福美胂；59.福美甲胂；60.甲磺隆；61.胺苯磺隆；62.三氯杀螨醇；63.林丹；64.氟虫胺；65.百草枯；66. 2,4-滴丁酯；67.八氯二丙醚；68.氯化苦 |
| 禁止销售和使用含有以下成分的农药（5种） | 1.氰戊菊酯；2.丁酰肼（比久）；3.毒死蜱；4.三唑磷；5.氟苯虫酰胺（向本经济特区以外销售的除外） |
| 国家规定或农业农村部公告禁止生产、运输、储存、销售、使用的其他农药 | |

注：引自海南省农业农村厅关于海南经济特区禁止生产运输储存销售使用农药名录（2021年修订版）。

# 第二节 主要病害及防治

## 一、香露兜茎腐病

### 1.危害症状

香露兜茎腐病又称茎基腐病，属于细菌性病害，主要危害香露兜茎基部。发病初期在茎基部形成水渍状、暗绿色斑，后逐渐扩展为不规格形，失水状溃烂，深褐色，病组织开始软化，散发出臭味（图5-1）。腐烂向上蔓延，叶片枯黄至干枯，一般可深入茎基内部形成维管束组织腐烂，最后植株折腰枯死（图5-2）。这种病害一般发病较快，扩散迅速。

图5-1 茎腐病症状（初期）

图5-2 茎腐病症状（后期）

### 2.病原菌

香露兜茎腐病病原菌为肠杆菌属的霍氏肠杆菌（*Enterobacter hormaechei*）。霍氏肠杆菌属直杆菌，革兰氏阴性菌，周生鞭毛运动，兼性厌氧，容易在普通培养基上生长。

### 3.发生规律

该病主要是由于将带有肠杆菌的人、牲畜等粪便直接施肥到种植区，加之种植区地块有积水，湿度大，因此很容易造成该病害的发生与流行。

### 4.防治方法

（1）农业防治　加强栽培管理，切段传播途径。种苗繁育远离感病区，选通风良好的苗床，雨后及时排出积水，防止湿气滞留。从健康无感病的母株上选取插条苗，培育无病种苗。施用人、牲畜粪便时要待其完全沤熟后再施，切断病源。及时检查并铲除病株，将带病植株残体集中于园外烧毁。台风天气及暴雨过后，及时排出田间积水，减少病菌滋生条件。增施有机肥，提高植株抗病力。

（2）化学防治　发病初期可选用77%氢氧化铜可湿性粉剂500倍液喷施，每3～5天全园喷药1次，连续喷药2～3次。

## 二、香露兜拟茎点霉叶斑病

### 1.危害症状

香露兜拟茎点霉叶斑病主要危害叶片。发病初期叶片上出现褪绿的小黄点，平整、边缘淡黄色；后期病斑变成不规则形，边缘深褐色，多个病斑汇合后造成叶片大面积干枯坏死（图5-3、图5-4）。后期病斑中央长出小黑粒，为病菌的分生孢子器。

图5-3　拟茎点霉叶斑病症状（一）

图5-4 拟茎点霉叶斑病症状（二）

## 2.病原菌

该病病原菌为拟茎点霉属的拟茎点霉（*Phomopsis* sp.）（图5-5）。拟茎点霉分生孢子器球形、近球形，壁薄，暗褐色，直径87.5～225.3微米，分生孢子梗无色，分隔；产孢细胞瓶梗型，无色；α型分生孢子无色，单胞，椭圆形或卵圆形，大小为（4.4～8.1）微米×（2.3～3.2）微米，β型分生孢子未见。

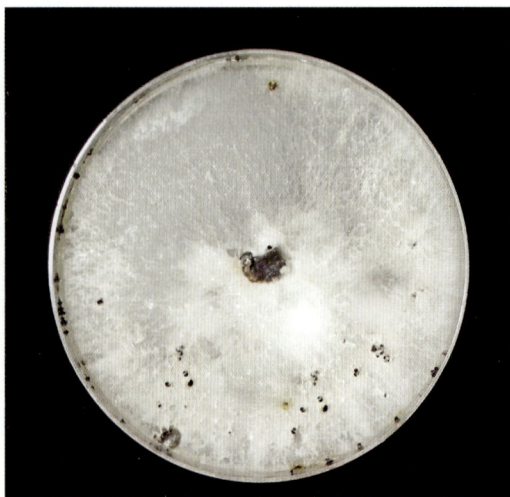

图5-5 PDA培养基上拟茎点霉菌落形态

## 3.发生规律

该病病菌主要借助风雨传播，遇适宜温湿度便可萌发侵染叶片，在阴雨连绵、台风季节等时期发生流行。在多雨潮湿季节，病原菌分生孢子大量涌出，借风雨传播。病菌的寄生性不是很强，只有在寄主植物生长衰弱时或在有伤口的情况下才能侵入。在我国海南，11月开始进入冬季，温度较低，加上阴雨天气，较易感染该病菌，一般在11月至翌年4月发生流行。

## 4.防治方法

（1）农业防治　选择排水良好的地块建园，修建排水沟，在槟榔、椰子、菠萝蜜等林下间作。种植健康无病香露兜苗。加强香露兜种植园田间管理，增施有机肥，提高植株抗病能力。台风天气及暴雨过后，及时排出田间积水，减少病菌滋生条件。注意园区通风、排水。加强园区巡查，发现病株及时处理。

（2）化学防治　发病初期喷洒80%代森锰锌可湿性粉剂800倍液、50%异菌脲悬浮剂1 000倍液或50%甲基硫菌灵可湿性粉剂800倍液等，每5～7天喷1次，连续喷药2～3次。

# 三、香露兜拟盘多毛孢叶斑病

## 1.危害症状

叶片受害部位最初褪绿，随后形成黑褐色、近圆形病斑，病斑进一步扩大中央变为灰白色，病健交界处出现黄色晕圈；湿度大时，病斑中央散生稀疏的疮痂状小黑点（图5-6、图5-7）。

图5-6　拟盘多毛孢叶斑病症状（一）

图5-7　拟盘多毛孢叶斑病症状（二）

### 2.病原菌

该病病原菌为拟盘多毛孢属的棒孢拟盘多毛孢（*Pestalotiopsis clavispora*）（图5-8、图5-9）。分生孢子有4个隔膜5个细胞，呈纺锤形或棒状纺锤

5微米

图5-8　PDA培养基上棒孢拟盘多毛孢菌落形态

形，直或稍弯曲，(21.2 ～ 27.1) 微米×(5.2 ～ 7.1) 微米；中间3个色胞异色，上2色胞暗褐色，分隔处颜色特深，第3色胞颜色略浅，淡褐色，分隔处稍缢缩，长15.0 ～ 16.5微米；顶胞无色，锥形，具顶端附属丝2 ～ 3根，长16.5 ～ 26.5微米；尾胞无色，具中生式柄1根，长1.8 ～ 4.2微米。

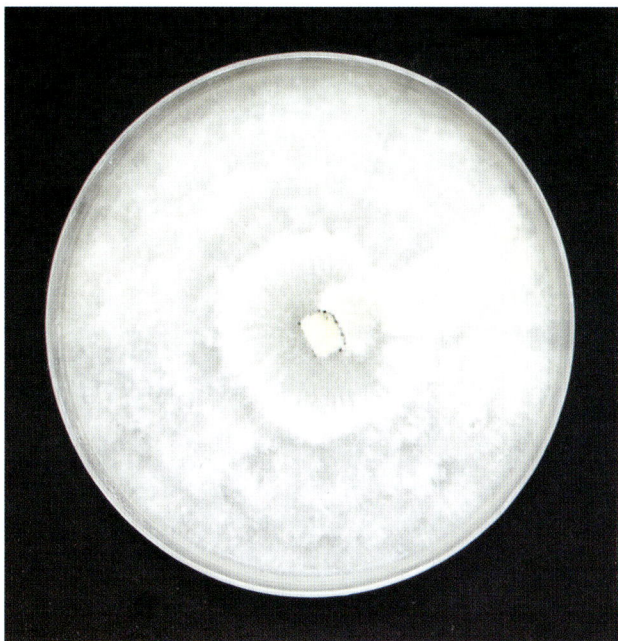

图5-9　PDA培养基上棒孢拟盘多毛孢分生孢子形态

### 3.发生规律

该病病菌喜酸性的环境条件，温度范围在24 ～ 26℃有利于该病菌菌丝生长，高湿条件下有利于产生孢子。该病菌主要以菌丝体或分生孢子在病叶上越冬。在酸性的土壤和沙质土壤中易发病。土壤和空气湿度大时有利于病害发生，特别是连续阴雨天气可加快病害发生。在海南，每年11月至翌年4月发病，生长衰弱的植株易发病。

### 4.防治方法

（1）农业防治　选择中性或微酸性土壤（pH 5.5 ～ 7.5）种植香露兜，定植时选用健康无病香露兜苗。加强田间管理，增施有机肥，提高植株抗病能力，注意园区通风、排水。土壤酸性过强时，可施用生石灰中和土壤酸度，使土壤达到香露兜适宜种植的pH范围。加强园区巡查，发现病株及时处理。

（2）化学防治　发病初期喷洒80％代森锰锌可湿性粉剂800倍液、40％嘧菌酯可湿性粉剂1 500倍液、20％噻菌铜悬浮剂500倍液或50％甲基硫菌灵硫黄悬浮剂800倍液等，每5 ～ 7天喷1次，连续喷药2 ～ 3次。

# 第三节　其他有害生物及防治

## 一、蛾类幼虫

一般为鳞翅目昆虫的幼虫。部分蛾类幼虫食用香露兜叶片，导致叶片受损逐渐萎蔫，有的幼虫仅取食叶肉，留下表皮，在叶片上形成一个个透明的斑，俗称"开天窗"（图5-10至图5-12）。

在低龄幼虫期，结合田间操作，摘除群集幼虫的叶片。在成虫羽化期利用田间的频振式杀虫灯诱杀，可减少下一代幼虫发生量。于成虫产卵期和幼虫发生期喷1.8%阿维菌素乳油2 000～2 500 倍液或25%灭幼脲悬浮剂2 000～2 500 倍液。

图5-10　蛾类幼虫危害香露兜叶片（一）　　图5-11　蛾类幼虫危害香露兜叶片（二）

图5-12　蛾类幼虫危害香露兜叶片"开天窗"症状

## 二、蜗牛和蛞蝓

蜗牛和蛞蝓均为腹足纲软体动物。

蜗牛为腹足纲柄眼目蜗牛科或大蜗牛科软体动物。蜗牛有一个比较脆弱的、低圆锥形的壳，具有2对触角，可以翻转收缩，前后触角功能不同。香露兜生长期高温高湿的环境非常适合蜗牛发生。蜗牛对强光刺激敏感，因此白天一般不活动，大多在18:00以后开始活动取食，20:00～23:00达到取食高峰期。常见蜗牛的适宜温度为18～28℃，在10～35℃范围内均可取食活动。

蛞蝓为腹足纲柄眼目蛞蝓科动物的统称，俗称鼻涕虫。常见蛞蝓像没有壳的蜗牛。成虫体伸直时体长3～6厘米，体宽0.4～0.6厘米，长梭形，柔软、光滑而无外壳。体表暗黑色、暗灰色、黄白色或灰红色。触角2对，暗黑色；下边一对短，约0.1厘米，称前触角，有感觉作用；上边一对长，约0.4厘米，称后触角，端部具眼。

蜗牛和蛞蝓主要危害香露兜叶片（图5-13）。

生产上可施用充分腐熟的有机肥，创造不适于蜗牛和蛞蝓发生和生存的条件。可用树叶、杂草、菜叶等做成诱集堆，人工诱杀。可在香露兜地周边或行间撒施生石灰、草木灰等，可使蜗牛和蛞蝓在爬行时粘上生石灰或草木灰，经摩擦或失水而死。注意不要撒到香露兜叶面上，地面潮湿时效果较差。傍晚或清晨，特别是雨后，可在田间放养鸡鸭来啄食蜗牛和蛞蝓。化学防治一般以撒施6%四聚乙醛颗粒剂诱杀为主，每7～10天撒1次，连续2～3次。或以新鲜菜叶拌敌百虫、甲萘威配成毒饵傍晚放于田间诱杀。田间小蜗牛或蛞蝓大量集中发生时也可采用螺螨酯、辛硫磷、敌百虫等药剂喷雾。

图5-13　蛞蝓危害香露兜叶片

## 三、蝗虫

蝗虫为直翅目昆虫。生产上有几种蝗虫危害香露兜叶片，常见的有蝗虫科和螽斯科（图5-14、图5-15）。种植时，应做好香露兜种植园排灌水系统，铺设喷灌和微喷等节水灌溉系统。香露兜种植园周围建设防护林，改善小气候环境，减少飞蝗产卵繁殖的适生场所。发生蝗灾时，使用高效低毒的生物农药，保护蝗区的捕食性天敌。在蝗虫处于2～3龄盛发期时使用绿僵菌（7 500亿～24 000亿孢子/公顷）、蝗虫微孢子虫（150亿～300亿孢子/公顷）等进行生物防治。在蝗虫3龄盛发期至羽化前，可使用45%马拉硫磷乳油1 200～1 500倍液、75%马拉硫磷油剂900～1 350倍液或90%马拉硫磷油剂900～1 200倍液进行超低浓度或低浓度喷雾。

图5-14　蝗虫科蝗虫危害香露兜叶片　　　　图5-15　螽斯科蝗虫危害香露兜叶片

# Chapter 6

# 第六章 香露兜收获与初加工

## 第一节 收 获

香露兜主要利用部位为叶片。在常规栽培条件下，香露兜植后10～12个月即可开始收割叶片，一年可收割叶片6～8次。

### 一、采收期

不同季节的温度、降水量等不同，香露兜生长量有所差异，不同时期采收间隔期不同。4～9月，温度较高，香露兜生长快，每30～45天可采收1次；10月至翌年3月，温度相对较低，每45～60天可采收1次。香露兜收割间隔期不能太短，特别是在温度比较低的11月至翌年1月，否则会给香露兜造成伤害，影响香露兜生长。

### 二、采收前准备

香露兜采收前3～5天不宜浇水，以确保土壤不泥泞，方便工人下地采收。因香露兜叶尖偶有微刺，采收工人应穿长袖衣长裤、戴手套，以防被香露兜叶子划伤。同时准备割刀、捆绑用的橡皮筋、架子及绳子等工具。

### 三、采收标准及方法

香露兜植株高度达60厘米以上，叶片浓绿，叶片长度大于50厘米，叶片中部宽度大于3厘米，即达到香露兜收割标准。

目前采收以人工采收为主。采收时，保留香露兜植株顶部3～5片叶，其余叶片用刀割取后，剔除发黄及干枯叶片（图6-1）。采收的叶片可用橡皮筋扎成小捆，再使用捆绑架子叠放整齐捆绑成大捆，或直接叠放整齐捆绑成大捆（图6-2、图6-3）。捆绑后及时运送至加工厂或销售地点。

运输过程中要注意遮阴，避免太阳暴晒，以免叶片水分散失过多影响香露兜品质。如长途运输，建议采用冷链运输。运输过程中应使用干净无异味的车辆，不应与有毒、有害、有异味、易污染物品混装混运。

图6-1　采收叶片

图6-2　捆绑叶子（小捆）

图6-3　捆绑叶子（大捆）

# 第二节　初　加　工

香露兜鲜叶保鲜时间短，采收的叶片短时间内可以加工成香露兜汁直接使用。如果鲜叶不能及时使用，可以加工成香露兜叶段或香露兜粉，便于生产上运输，保留香露兜的色泽与香味。

## 一、不同干制方式的香露兜粉挥发性成分

室内干燥、烘箱干燥、微波干燥、微波真空干燥和真空冷冻干燥是食品材料最常用的干燥方法，这些方法各有特点。室内干燥能够一年四季干燥新鲜原料并且不依赖于天气条件。对于烘箱干燥，由于其相对便宜的成本，所以是干燥大多数植物材料最常用的干燥方法。近年来，微波干燥的出现，为缩短干燥时间、节省能源和提高干燥产品的质量提供了机会。微波真空干燥是通过在真空、低温条件下实现快速脱水来获得高质量干燥产品的干燥方法。真空冷冻干燥通常是保留营养的有效方法，它可以帮助维持产品的质量属性，例如营养、颜色、风味，使之与原始产品没有明显的变化。不同干燥方法可能会对香露兜的营养成分和风味产生不同程度的影响，因此找到最佳的干燥方法非常关键。可通过研究比较真空冷冻干燥、微波真空干燥、烘箱干燥、微波干燥和室

内干燥5种不同干燥方法香露兜挥发性成分差异，从而筛选出最佳干燥工艺。

不同干制方式的香露兜粉与香露兜鲜叶挥发性成分测定，结果如表6-1。

香露兜鲜叶和五种干制方式的香露兜粉共鉴定出62种挥发性化合物：醇类16种、烃类4种、呋喃酮类3种、酯类13种、酸类4种、酮类7种、呋喃类3种、香豆素类2种、吡咯类1种、醛类5种、酚类3种和内酯类1种。在相同检测条件下，不同干制方式的香露兜粉样品挥发性成分的种类及相对含量呈现出一定差异性。鲜样、真空冷冻干燥、微波真空干燥、烘干、微波干燥和室内干燥检测的挥发性成分分别为23、25、24、29、28、25种（图6-4）。这五个干燥样品包含10个相同的挥发性成分，分别是丙酮酸甲酯、羟基丙酮、2AP、4-环戊烯-1,3-二酮、糠醇、3-甲基-2(5H)-呋喃酮、新植二烯、2,3-二氢苯并呋喃、叶绿醇和角鲨烯。与鲜叶样品相比，不同干制香露兜粉样品所含的共有挥发性成分为羟基丙酮、2AP、3-甲基-2（5H）-呋喃酮、新植二烯、2,3-二氢苯并呋喃、叶绿醇和角鲨烯7种（图6-5）。这7种共有化合物的含量在真空冷冻干燥的香露兜粉中最高，其次是微波真空干燥的香露兜粉，烘箱干燥的香露兜粉中最低。2AP、3-甲基-2（5H）-呋喃酮、叶绿醇和角鲨烯都是香露兜的关键挥发性成分。由此可知，真空冷冻干燥能最大限度地将香露兜关键挥发性成分稳定保存至香露兜粉中，且含水率低；其次是微波真空干燥、烘箱干燥、微波干燥，最后是室内干燥。

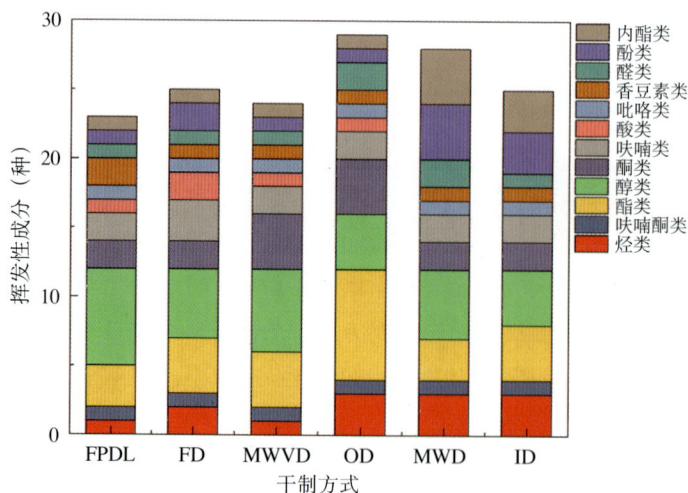

图6-4 不同干制方式的香露兜粉与香露兜鲜叶挥发性成分种类数量分析
注：FPDL为鲜叶，FD为真空冷冻干燥，MWVD为微波真空干燥，OD为烘箱干燥，MWD为微波干燥，ID为室内干燥。下同。

表6-1 不同干制方式的香露兜粉与香露兜鲜叶挥发性成分分析

| 化合物种类 | 化合物名称 | 保留时间(分) | 代码 | 含量(微克/克) | | | | | |
|---|---|---|---|---|---|---|---|---|---|
| | | | | FPDL | FD | MWVD | OD | MWD | ID |
| 吡咯类 | 2AP | 11.81 | A1 | 122.48±2.52 | 187.22±1.59 | 148.04±5.5 | 46.75±3.37 | 59.57±0.22 | 135.36±2.33 |
| 酚类 | 4-乙烯基愈疮木酚 | 30.66 | B1 | — | 26.32±1.94 | 19.35±0.42 | — | — | — |
| | 2,4-二叔丁基酚 | 32.61 | B2 | 12.1±0.44 | — | — | — | — | — |
| | (E)-2-甲氧基-4-(1-丙烯基苯酚) | 33.16 | B3 | — | 3.53±0.29 | — | 1.19±0.02 | — | — |
| 内酯类 | 1-氧杂环十四烷-2-酮 | 28.49 | C1 | — | 3.64±0.43 | — | — | — | — |
| 酮类 | 3-羟基-2-丁酮 | 10.89 | D1 | — | — | — | 2.4±0.15 | — | — |
| | 羟基丙酮 | 11.19 | D2 | 69.15±1.45 | 174.66±3.68 | 96.98±3.67 | 112.06±1.46 | 127.31±3.33 | 223.49±1.44 |
| | 4-环戊烯-1,3-二酮 | 18.30 | D3 | — | 15.54±2.5 | 17.54±0.07 | 6.1±0.91 | 9.29±0.83 | 8.64±0.25 |
| | 2-羟基-2-环戊烯-1-酮 | 22.88 | D4 | — | — | 11.19±0.82 | — | — | — |

| 化合物种类 | 保留时间（分） | 化合物名称 | 代码 | 含量（微克/克） | | | | | |
|---|---|---|---|---|---|---|---|---|---|
| | | | | FPDL | FD | MWVD | OD | MWD | ID |
| 酮类 | | | | | | | | | |
| | 23.98 | 乙酰苯甲酰 | D5 | — | — | 12.56±0.17 | — | — | — |
| | 25.46 | 菖蒲酮 | D6 | — | — | — | 4.15±0.03 | — | — |
| | 30.67 | 2-羟基环十五烷酮 | D7 | 3.27±0.23 | — | — | — | — | — |
| 烃类 | | | | | | | | | |
| | 8.63 | 对二甲苯 | E1 | — | — | — | 7.85±2.93 | — | 11.61±0.29 |
| | 9.21 | 邻二甲苯 | E2 | — | — | — | — | 10.34±0.09 | — |
| | 25.99 | 新植二烯 | E3 | 74.44±1.29 | 175.56±2.63 | 299.63±1.85 | 111.38±5.09 | 85.02±1.09 | 170.51±5.81 |
| | 39.86 | 角鲨烯 | E4 | 181.46±0.52 | 1837.47±5.8 | 1110.41±1.8 | 971.59±14.46 | 1002.01±5.68 | 1101.83±63 |
| 呋喃类 | | | | | | | | | |
| | 18.06 | 5-甲基糠醛 | F1 | — | 14.62±3.5 | 11.45±0.31 | — | — | — |
| | 20.61 | 糠醇 | F2 | — | 70.74±1.86 | 23.41±1.73 | 8.75±0.69 | 10.02±0.63 | 30.79±1.43 |
| | 25.58 | 2,3-二氢苯并呋喃 | F3 | 107.15±1.77 | 330.75±2.35 | 264.24±3.87 | 42.29±0.26 | 42.86±0.65 | 60.7±3.34 |

（续）

| 化合物种类 | 化合物名称 | 保留时间（分） | 代码 | 含量（微克/克） | | | | | |
|---|---|---|---|---|---|---|---|---|---|
| | | | | FPDL | FD | MWVD | OD | MWD | ID |
| 呋喃酮类 | 3-甲基-2(5H)-呋喃酮 | 27.98 | G1 | 197.35±2.31 | 161.54±5.04 | 546.12±3.45 | 159.49±2.09 | 160.5±4.07 | 276.52±4.79 |
| | 4-甲基-2(H)-呋喃酮 | 33.66 | G2 | 17.64±1.41 | — | — | — | — | — |
| | 4-羟基-2,5-二甲基-3(2H)-呋喃酮 | 21.81 | G3 | — | — | 14.27±2.63 | — | — | — |
| 酯类 | 丙酮酸甲酯 | 9.72 | H1 | — | 122.81±5.62 | 107.26±4.54 | 61.72±1.76 | 67.82±0.51 | 71.41±2.02 |
| | 乳酸乙酯 | 12.15 | H2 | 14.91±0.25 | — | — | — | — | — |
| | 乙醇酸乙酯 | 14.19 | H3 | — | — | — | 9.02±0.3 | — | — |
| | 乙酸基丙酮 | 15.34 | H4 | — | — | — | 15.49±1.48 | — | 27.76±1.1 |
| | 丙烯酸异辛酯 | 15.97 | H5 | 5.64±0.22 | — | — | — | — | — |
| | 辛酸烯丙酯 | 17.99 | H6 | — | — | — | 4.07±0.51 | — | — |
| | 丙酸壬酯 | 20.46 | H7 | — | — | — | — | — | 18.04±1.64 |
| | 异戊酸香叶酯 | 25.57 | H8 | — | — | — | 2.37±0.55 | — | — |

（续）

| 化合物种类 | 保留时间(分) | 化合物名称 | 代码 | 含量（微克/克） | | | | | |
|---|---|---|---|---|---|---|---|---|---|
| | | | | FPDL | FD | MWVD | OD | MWD | ID |
| 酯类 | | | | | | | | | |
| | 29.50 | (E)-9-十四碳烯-1-醇乙酸酯 | H9 | — | 6.62±0.18 | — | — | — | — |
| | 30.35 | 己酸-2-苯乙酯 | H10 | — | — | 6.53±0.42 | — | — | — |
| | 31.62 | 十六酸乙酯 | H11 | — | 55.97±1.86 | — | 26.11±1.04 | 19.49±2.55 | 35.66±1.11 |
| | 35.46 | 亚油酸乙酯 | H12 | 9.22±0.32 | 55.58±2.47 | 95.27±3.51 | 8.88±0.83 | 6.59±4.09 | — |
| | 36.42 | 亚麻酸乙酯 | H13 | — | — | 34.12±3.96 | 17.04±1.18 | — | — |
| 香豆素类 | | | | | | | | | |
| | 27.24 | 石竹素 | I1 | — | — | — | 15.6±1.45 | — | 19.77±0.33 |
| | 31.86 | 2,3-二氢-3,5-二羟基-6-甲基-4H-吡喃-4-酮 | I2 | — | 70.53±0.17 | 80.7±4.23 | — | — | — |
| 醛类 | | | | | | | | | |
| | 9.73 | 2-己烯醛 | J1 | — | 15.55±2.95 | — | — | — | — |
| | 19.82 | 甲基壬醛 | J2 | — | — | — | — | — | 37.73±2.78 |
| | 23.48 | 枯醛 | J3 | 14.66±0.59 | — | — | — | — | — |

（续）

| 化合物种类 | 保留时间（分） | 化合物名称 | 代码 | 含量（微克/克） | | | | | |
|---|---|---|---|---|---|---|---|---|---|
| | | | | FPDL | FD | MWVD | OD | MWD | ID |
| 醛类 | | | | | | | | | |
| | 24.47 | 2-十二烯醛 | J4 | — | — | — | — | 1.16±0.21 | — |
| | 29.91 | (Z)-7-十六碳烯醛 | J5 | — | — | — | — | 18.52±1.85 | — |
| 醇类 | | | | | | | | | |
| | 7.40 | 丙醇 | K1 | 37.72±2.84 | 81.45±5.51 | 86.5±3.61 | 37.44±1.68 | — | 65.89±3.54 |
| | 8.03 | 异丁醇 | K2 | — | — | 4.97±0.3 | 0.97±0.21 | — | — |
| | 8.87 | 4-戊烯-2-醇 | K3 | 9.2±0.1 | — | — | — | — | — |
| | 9.51 | 异戊醇 | K4 | — | — | 6.65±0.36 | — | — | — |
| | 10.32 | 正戊醇 | K5 | — | 16.47±2.1 | — | — | — | — |
| | 10.82 | 环戊醇 | K6 | — | — | — | — | 19.43±2.05 | — |
| | 11.65 | 2-庚醇 | K7 | — | — | — | — | 0.96±0.05 | — |
| | 13.02 | 叶醇 | K8 | 40.32±1.33 | — | — | — | — | — |
| | 15.88 | 2-乙基己醇 | K9 | — | — | — | — | 3.6±0.19 | — |

（续）

| 化合物种类 | 保留时间（分） | 化合物名称 | 代码 | 含量（微克/克） | | | | | |
|---|---|---|---|---|---|---|---|---|---|
| | | | | FPDL | FD | MWVD | OD | MWD | ID |
| 醇类 | 18.25 | 2,4-己二烯-1-醇 | K10 | — | 4.61±0.36 | — | — | — | — |
| | 19.33 | 反-2-辛烯醇 | K11 | — | 12.11±0.5 | — | — | — | — |
| | 19.94 | 反式-1-甲基-4-(1-甲基乙烯基)环己-2-烯-1-醇 | K12 | 14.12±1.23 | — | — | — | — | — |
| | 24.61 | 丁基辛醇 | K13 | 4.67±0.34 | — | — | — | — | — |
| | 32.37 | 甘油 | K14 | — | — | 138.23±7.61 | 66.91±3.32 | 35.72±1.53 | 83.26±4.19 |
| | 32.43 | 2-十六醇 | K15 | 5.27±0.21 | — | — | — | — | 22.66±1.87 |
| | 36.83 | 叶绿醇 | K16 | 59.6±1.85 | 69.47±1.18 | 19.89±1.26 | 3.51±0.15 | 5.24±0.96 | 17.94±0.57 |
| 酸类 | 41.04 | 9-十六碳烯酸 | L1 | 55.54±2.13 | — | — | — | — | — |
| | 44.13 | 亚油酸 | L2 | — | 36.01±0.3 | — | — | — | — |
| | 44.33 | 油酸 | L3 | — | — | — | 3.45±0.73 | — | — |
| | 45.51 | 亚麻酸 | L4 | — | 12.63±0.77 | — | — | — | — |

注："—"表示未检测到该物质。

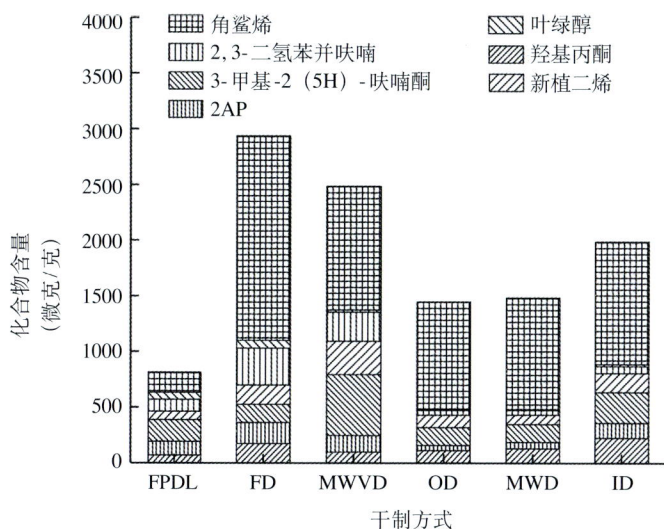

图6-5　不同干制方式的香露兜粉与香露兜鲜叶共有挥发性成分比较分析

## 二、香露兜汁加工

### 1.特点

香露兜汁是使用鲜叶直接榨汁过滤，加工简便，可操作性强，普通老百姓在家即可操作。香露兜汁可用于制作糕点、甜品、粽子、面条、馒头等美食。但由于鲜叶不能长时间保存，导致香露兜汁的使用人群和地域受到限制。

### 2.工艺流程

香露兜汁的加工工艺流程如下：

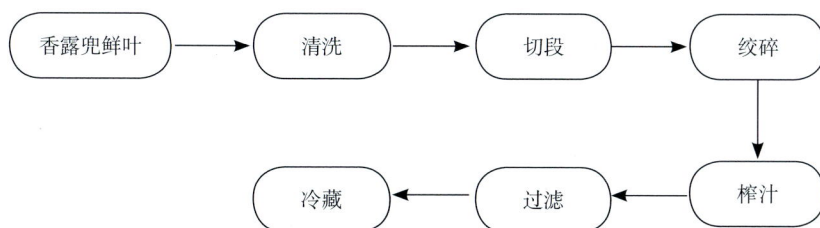

香露兜鲜叶 → 清洗 → 切段 → 绞碎 → 榨汁 → 过滤 → 冷藏

133

## 3.技术要点

（1）选叶及清洗　选择颜色碧绿或翠绿的新鲜香露兜叶片，使用流动水清洗叶片上的尘土等杂质。注意采收的香露兜叶片如有剩余，应清洗、晾干后用保鲜袋盛装，密封后置于冰箱冷藏保存，期限不宜超过5天。

（2）切段　将晾干的香露兜叶片切割为长度2厘米左右的小段。

（3）绞碎　切段的叶片放入榨汁机或食物搅拌机等设备中，加入叶片重量2倍的饮用水，开机将叶片全部绞碎。

（4）榨汁、过滤　绞碎的香露兜叶用手或布袋等工具挤压、过滤，将香露兜叶渣和汁液分离。

（5）冷藏　将过滤后的汁液用容器盛装，密封后置于冰箱中，冷藏约10小时，倒去上清液，即得到香露兜汁（图6-6）。

图6-6　香露兜汁

## 三、香露兜叶段加工

### 1.特点

香露兜叶段是鲜叶切段后经烘箱干燥而成。与香露兜鲜叶相比，香露兜叶段的色泽和香气有所损失，颜色呈黄绿色或橄榄褐色，可用于制作花草茶、香包等。

### 2.工艺流程

香露兜叶段的加工工艺流程如下：

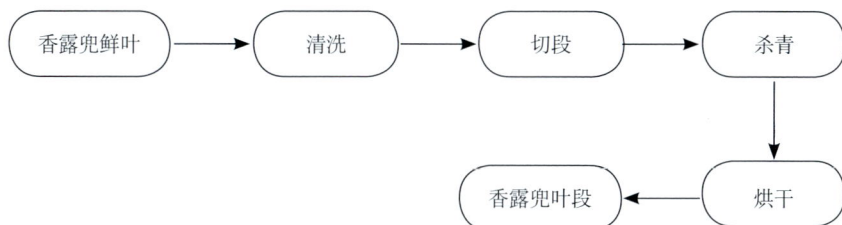

```
香露兜鲜叶 ──→ 清洗 ──→ 切段 ──→ 杀青
                                      │
                                      ↓
香露兜叶段 ←────────────── 烘干
```

### 3.技术要点

（1）选叶及清洗　选择颜色碧绿或翠绿的新鲜香露兜叶片，使用流动水清洗去除叶片上的尘土等杂质。

（2）切段　将晾干的香露兜叶片切割为长度0.5～2厘米的小段，并摆盘（图6-7、图6-8）。

图6-7　香露兜叶段（细）

图6-8  香露兜叶段（粗）

（3）**烘干**  在105℃烘箱中杀青30分钟，然后在65℃烘干至恒重（图6-9、图6-10）。

（4）**包装**  烘干的香露兜叶段冷却至室温后，使用防潮密封袋包装。

（5）**贮存**  成品香露兜叶段应贮存在避光、通风、阴凉、干燥的库房内，离墙离地存放；严禁与有毒、有害、有污染、有异味的物品混放。

图6-9  烘干的香露兜叶段（细）

图6-10　烘干的香露兜叶段（粗）

## 四、香露兜粉加工

### 1.特点

香露兜粉是近年来香饮所的研究成果。它采用香露兜鲜叶经低温干燥的方式加工而成。该工艺能有效保护香露兜叶片的天然绿色，解决鲜叶不耐储运、风味和色泽难以保持、使用工艺繁琐、综合利用率低等问题。香露兜粉可用于烘焙、饮品、冰品、甜品等食品，以及药品、化妆品等行业。

### 2.工艺流程

香露兜粉的加工工艺流程如下：

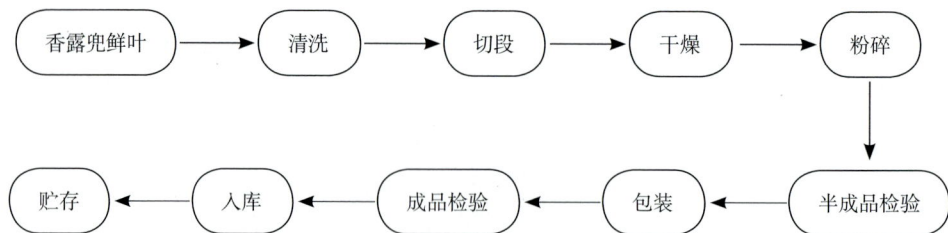

```
香露兜鲜叶 → 清洗 → 切段 → 干燥 → 粉碎
                                      ↓
贮存 ← 入库 ← 成品检验 ← 包装 ← 半成品检验
```

### 3.技术要点

（1）选叶及清洗　选择颜色碧绿或翠绿的新鲜香露兜叶片，使用流动水清洗去除叶片上的尘土等杂质，在室温下晾干叶片表面水分。采收的香露兜叶片应在采收后24小时内加工完毕。

（2）切段　将晾干水分的香露兜叶片用切丝机切割成长度约0.5厘米的小段。

（3）干燥　在低温条件下干燥至含水量达5%以下。

（4）粉碎　干燥后的叶片应及时用超微粉碎机等设备粉碎成粉，香露兜粉细度应达400目以上（图6-11）。

图6-11　香露兜粉

（5）**半成品检验**　经相关人员检验，香露兜粉色泽、香气等感官指标符合要求，方可进入包装工序。

（6）**包装**　香露兜粉采用具有避光作用的铝箔复合袋包装，包装袋封口要求牢固、美观、整洁，生产日期清晰。包装完毕将成品放置于待验区，并清理包装车间。包装材料应符合 GB/T 28118 的规定，标签标志应符合 GB 7718 和 GB 28050 的要求。

（7）**成品检验**　检查香露兜粉产品名称与合格证的标志是否一致，并按执行标准出厂检验要求进行检测。经检测合格，方可通知仓管员办理入库手续。

（8）**入库**　检测合格的产品，由仓管员办理入库手续，并移至合格品区。

（9）**贮存**　产品应贮存在避光、通风、阴凉、干燥的库房中，离墙离地存放；严禁与有毒、有害、有污染、有异味的物品混放。

## 五、其他香露兜加工品

目前，国内外香露兜除了加工成香露兜汁、香露兜叶段、香露兜粉外，还可加工成香露兜酱、香露兜香精、香露兜酊剂等，应用于食品、药品及化妆品中（图6-12、图6-13）。

图6-12　香露兜酱

图6-13　香露兜香精

# Chapter 7

# 第七章　香露兜主要用途与发展前景

## 第一节　香露兜主要成分与用途

### 一、香露兜主要成分

#### （一）主要营养成分

香露兜叶片含有蛋白质、维生素、生物碱、类胡萝卜素、矿物质及丰富的膳食纤维。研究结果显示，每千克香露兜干叶的能量为 9 120 千焦，含有蛋白质144.1克、脂肪17.2克、膳食纤维654.8克、维生素 $K_1$ 9.8克、维生素 C（抗坏血酸）801.2毫克、维生素 E 483.2毫克、β - 胡萝卜素317.3毫克以及胆碱、烟酸、叶酸、钙、镁、铁、锌、磷、钾、硒等营养成分（表7-1）。

表7-1　**香露兜叶营养成分**（每千克香露兜干叶）

| 序号 | 成分 | 含量 |
|:---:|:---:|:---:|
| 1 | 能量（千焦） | 9 120 |
| 2 | 蛋白质（克） | 144.1 |
| 3 | 脂肪（克） | 17.2 |
| 4 | 总膳食纤维（克） | 654.8 |
| 5 | 不溶性膳食纤维（克） | 486.2 |
| 6 | 可溶性膳食纤维（克） | 168.6 |
| 7 | 胆碱（克） | 34.6 |
| 8 | 总糖（以还原糖计）（克） | 66.2 |

（续）

| 序号 | 成分 | 含量 |
|:---:|:---:|:---:|
| 9 | 总黄酮（以芦丁计）（克） | 13.5 |
| 10 | 维生素$K_1$（克） | 9.8 |
| 11 | 维生素C（抗坏血酸）（毫克） | 801.2 |
| 12 | 维生素E（毫克） | 483.2 |
| 13 | 维生素$B_2$（毫克） | 0.92 |
| 14 | 维生素$B_6$（毫克） | 5.6 |
| 15 | 烟酸和烟酰胺总量（毫克） | 45.6 |
| 16 | 叶酸（毫克） | 4.6 |
| 17 | 泛酸钙（毫克） | 16.6 |
| 18 | 磷（克） | 1.6 |
| 19 | 钾（克） | 25.3 |
| 20 | 钙（克） | 11.2 |
| 21 | 镁（克） | 3.5 |
| 22 | 铁（毫克） | 75.4 |
| 23 | 锌（毫克） | 16.6 |
| 24 | 硒（毫克） | 0.1 |
| 25 | 氟（毫克） | 0.5 |
| 26 | 锰（毫克） | 122.1 |
| 27 | 铜（毫克） | 7.04 |
| 28 | β-胡萝卜素（毫克） | 317.3 |

香露兜叶片中含有丰富的膳食纤维，膳食纤维被称为人体第七营养素。据统计，目前我国居民膳食纤维摄入量接近10克/天，且呈现逐年下降的趋势，远低于膳食指南建议量 25 ~ 30 克/天。香露兜干叶中膳食纤维含量达654.8克/千克，香露兜叶片加工成香露兜粉可以很好地保留膳食纤维，直接应用于食品和饮品中，补充日常膳食纤维的摄入量，增加人体的饱腹感，均衡日常膳食。膳食纤维同时可以通过肠道纤维－微生物群的相互作用改善免疫功

能，充足的膳食纤维摄入有助于降低个体患中风、结直肠癌、心血管疾病和二型糖尿病的风险，多摄入膳食纤维能够有效降低血糖、血脂，对于减重、预防肥胖有明显的效果。

香露兜叶片中含有丰富的维生素$K_1$。作为人和动物必需的脂溶性维生素，维生素$K_1$在日常膳食中起着不可或缺的作用。人体对维生素$K_1$的摄入主要来源于农产品，农产品中维生素$K_1$不仅具有促进血液正常凝固、预防新生婴儿出血疾病的生理功能，还具有抑制癌症、预防血管钙化、参与骨骼代谢、抑制糖尿病性白内障、治疗急慢性肝炎、解痉止痛、缓解咳嗽、治疗小儿肺炎等生理功能。

香露兜叶片中含有丰富的维生素C。维生素C又称抗坏血酸，是一种水溶性的维生素。它是一种强还原剂，维生素C和脱氢维生素C形成了可逆的氧化还原系统，具有抗氧化、美白、促进胶原蛋白形成等功效。

国外研究报道，香露兜叶片中总类胡萝卜素含量与调料九里香（*Murraya koenigii*）和八角罗勒（*Ocimum basilicum*）相当，但比紫花苜蓿和钟形辣椒的含量高8倍。在香露兜所有类胡萝卜素中，叶黄素占大多数，其最高浓度占总类胡萝卜素总量的一半以上。

## （二）主要挥发性成分

香露兜叶片挥发性成分主要由吡咯类、醇类、酚类、呋喃类、呋喃酮类、烃类、酮类、酯类、酸类、醛酮类、芳香类、羧酸类、醛类、萜类化合物等种类组成，包括2AP、角鲨烯、叶绿醇、新植二烯、羟基丙酮、2,3-二氢苯并呋喃、3-甲基-2（5H）-呋喃酮、棕榈酸乙酯、丙醇、油酸乙酯、亚油酸乙酯、亚麻酸乙酯、草蒿脑、1,2-乙二醇、正十四烷、1,2-环己二酮、甲基环戊烯醇酮、3-甲基环戊烷-1,2-二酮、（S）-缩水甘油乙酸酯、正十六烷、丙酮酸甲酯、L-乳酸乙酯（−）、乙醇酸乙酯、（±）-α-羟基-γ-丁内酯、异戊醇、十八烷、3-羟基-2-丁酮、2,4-二叔丁基苯酚、3-羟基-2-丁酮、丙酸乙烯酯、2,3-二甲基-3-己醇、天竺葵醛、环十五（烷）酮、9-十八炔、棕榈酸、（Z,Z）-亚油酸、亚麻酸、豆甾醇、β-谷甾醇、4,4-二甲基-胆甾-22,24-二烯-5β-醇、ζ-谷甾醇等成分（表7-2、表7-3）。

表7-2  香露兜叶挥发油化学成分

| 序号 | 保留时间（分） | 化学成分 | 匹配度 | 含量(%) |
|---|---|---|---|---|
| 1 | 3.77 | 丙酸乙烯酯 | 87 | 0.19 |
| 2 | 4.28 | 2,3-二甲基-3-己醇 | 89 | 0.13 |
| 3 | 5.24 | 天竺葵醛 | 86 | 0.07 |
| 4 | 11.45 | 环十五(烷)酮 | 93 | 2.22 |
| 5 | 11.76 | 9-十八炔 | 89 | 0.56 |
| 6 | 12.30 | 棕榈酸 | 94 | 3.16 |
| 7 | 13.29 | 叶绿醇 | 97 | 6.15 |
| 8 | 13.43 | (Z,Z)-亚油酸 | 91 | 5.22 |
| 9 | 13.46 | 亚麻酸 | 96 | 9.81 |
| 10 | 16.18 | 维生素E | 94 | 8.54 |
| 11 | 16.83 | 豆甾醇 | 92 | 11.28 |
| 12 | 18.09 | 角鲨烯 | 99 | 21.03 |
| 13 | 18.60 | β-谷甾醇 | 97 | 12.66 |
| 14 | 19.24 | 4,4-二甲基-胆甾-22,24-二烯-5β-醇 | 95 | 11.2 |
| 15 | 20.96 | ζ-谷甾醇 | 97 | 7.78 |

注：引自尹桂豪"香露兜叶挥发油的超临界萃取及气相色谱—质谱联用分析"（2010年）。

表7-3  不同荫蔽度处理下香露兜叶片挥发性香气成分及含量

| 化合物种类 | 保留时间（分） | 化合物名称 | 荫蔽度（%） | | | |
|---|---|---|---|---|---|---|
| | | | 0 | 30 | 60 | 90 |
| 酯类 | | | | | | |
| | 9.67 | 丙酮酸甲酯 | 12.58±0.37 | 8.23±0.45 | — | — |
| | 12.07 | L-乳酸乙酯 | 31.07±1.04 | 11.47±0.33 | — | 4.88±0.12 |
| | 14.24 | 乙醇酸乙酯 | 8.36±0.22 | 2.30±0.09 | 2.92±0.05 | — |
| | 15.21 | (S)-缩水甘油乙酸酯 | — | 1.33±0.02 | — | — |
| | 29.93 | (±)-α-羟基-γ-丁内酯 | 24.76±0.11 | 19.82±0.25 | 33.56±0.15 | — |

143

（续）

| 化合物种类 | 保留时间（分） | 化合物名称 | 荫蔽度（%） | | | |
|---|---|---|---|---|---|---|
| | | | 0 | 30 | 60 | 90 |
| 酯类 | | | | | | |
| | 31.65 | 棕榈酸乙酯 | 21.73±0.19b | 1.55±0.05d | 34.44±0.70a | 14.00±0.27c |
| | 34.86 | 油酸乙酯 | — | 5.30±0.06 | 7.24±0.29 | 3.32±0.19 |
| | 35.49 | 亚油酸乙酯 | 12.73±0.78d | 25.71±0.51b | 37.54±1.62a | 19.78±0.48c |
| | 36.59 | 亚麻酸乙酯 | 22.91±0.96 | — | — | — |
| 醇类 | | | | | | |
| | 7.62 | 丙醇 | 4.02±0.04b | 3.78±0.05c | 3.77±0.16c | 4.29±0.15a |
| | 9.44 | 异戊醇 | 2.27±0.08 | 1.16±0.10 | — | — |
| | 20.73 | 1,2-乙二醇 | 13.95±0.68 | — | — | — |
| | 36.82 | 叶绿醇 | 62.40±1.28d | 149.23±0.64a | 124.37±0.59b | 70.63±0.96c |
| 烃类 | | | | | | |
| | 13.14 | 正十四烷 | 3.12±0.01 | — | — | — |
| | 19.08 | 正十六烷 | 6.70±1.15 | 3.13±0.21 | — | — |
| | 23.66 | 十八烷 | — | 1.33±0.01 | — | — |
| | 25.99 | 新植二烯 | 16.05±0.21d | 26.36±0.26c | 54.67±0.87a | 36.66±0.18b |
| | 39.85 | 角鲨烯 | 609.38±4.09b | 784.72±6.87a | 413.47±17.74c | 41.64±1.50d |
| 酮类 | | | | | | |
| | 10.83 | 3-羟基-2-丁酮 | 9.38±0.51 | 5.11±0.03 | 9.02±0.18 | — |
| | 11.23 | 羟基丙酮 | 95.15±5.99b | 87.36±0.51c | 155.76±0.90a | 20.01±0.19d |
| | 20.80 | 1,2-环己二酮 | — | — | 4.37±0.09 | — |
| | 24.25 | 甲基环戊烯醇酮 | — | — | 3.21±0.64 | — |
| | 25.49 | 3-甲基环戊烷-1,2-二酮 | — | — | 3.16±0.06 | — |
| 吡咯类 | | | | | | |
| | 11.79 | 2-乙酰基-1-吡咯啉 | 5.41±0.08c | 11.76±0.21b | 13.88±1.64a | 4.48±0.14c |
| 酚类 | | | | | | |
| | 32.62 | 2,4-二叔丁基苯酚 | 12.97±0.12 | 15.16±0.43 | — | — |

（续）

| 化合物种类 | 保留时间（分） | 化合物名称 | 荫蔽度（%） | | | |
|---|---|---|---|---|---|---|
| | | | 0 | 30 | 60 | 90 |
| 呋喃类 | | | | | | |
| | 33.66 | 2,3-二氢苯并呋喃 | 61.94±5.80b | 86.00±7.22a | 94.92±14.73a | 19.82±1.13c |
| 呋喃酮类 | | | | | | |
| | 21.64 | 3-甲基-2 (5H)-呋喃酮 | 32.04±0.44c | 43.92±1.03b | 55.46±0.17a | 16.27±0.11d |

注："—"表示未检测到该物质；数据后不同小写字母表示四种遮阴处理间香气成分含量的差异显著性水平（$P<0.05$）。

2AP是香露兜叶片的主要特征香气成分。在植物界内，香露兜有着较高含量的 2AP，是泰国香米的十倍以上，也是粽香这种特殊香味的主要贡献者，具有增强细胞活力、加快新陈代谢、提高人体免疫力等作用，广泛应用于食品、医药、化妆品等行业。角鲨烯是一种不饱和烃类化合物，具有提高机体免疫力、抗肿瘤、抗衰老等多种生理功能，对缓解疲劳和肺心病、防治慢性支气管炎、改善心脏功能作用显著。叶绿醇是一种具有药理活性的化合物，具有抗炎、抗氧化、抗癌、护肝等多种功能，是合成维生素$K_1$、维生素E的中间体。草蒿脑是调制食用和日化香精的香料之一，是重要的生物活性物质。β-谷甾醇是一种含有天然生物活性的甾体化合物，具有抗菌、调节胆固醇、抗氧化、抗肿瘤、抗抑郁等功效。

### （三）挥发性香气成分提取

#### 1.提取溶剂的选择

课题组分别用甲醇、乙醇和丙醇三种不同的溶剂提取香露兜叶中的挥发性成分。所有提取溶剂色谱图中，保留时间为12.43分钟和12.48分钟时分别存在2AP；保留时间为36.50分钟和36.54分钟时分别存在叶绿醇；保留时间为42.45分钟和42.46分钟时分别存在角鲨烯（图7-1）。然而，当使用甲醇作为提取溶剂时，没有提取到2AP、叶绿醇和角鲨烯。这说明所用溶剂不同，保留时间不同时，峰型也会有所不同。除此之外，在香露兜中还存在许多成分。乙醇色谱图中2AP、叶绿醇和角鲨烯的存在峰比甲醇色谱图中的高，这说明乙醇作为溶剂时具有更高2AP、叶绿醇和角鲨烯的得率。同时乙醇色谱图中存在峰也比甲醇色谱图中的多，表明乙醇作为溶剂时挥发性香气成分的丰富度远大于甲醇。乙醇是一种很好的溶剂，既能溶解许多无机物，又能溶解许多有机物，因此常用乙醇来溶解植物色素或其中的药用成分。在溶剂萃取过程中，乙醇被认为是最关键的溶剂之一。而且，与甲醇、丙醇相比，乙醇溶剂对环境也更有利。

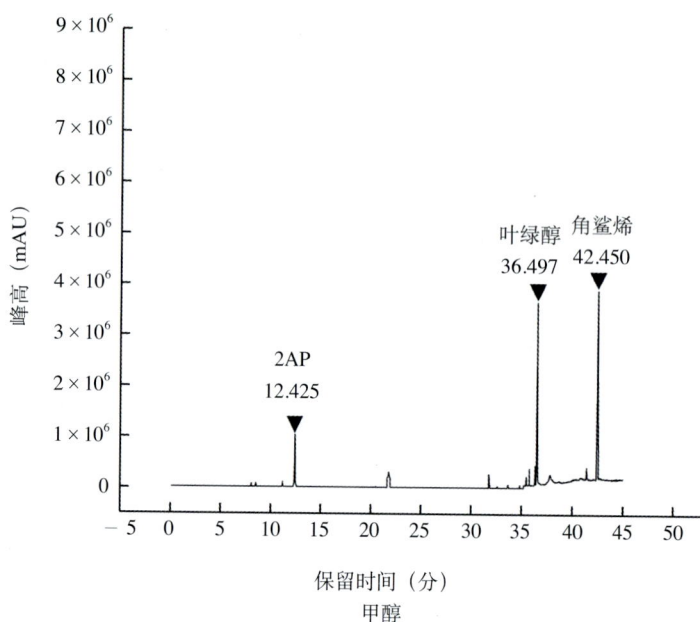

甲醇

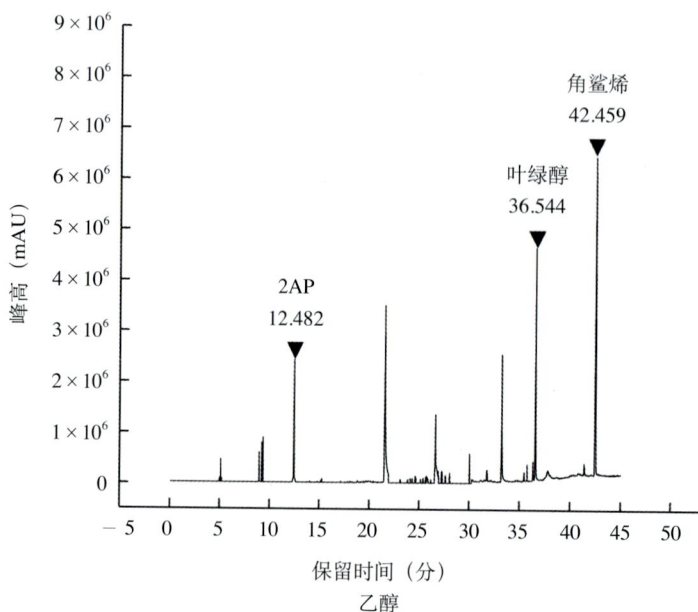

乙醇

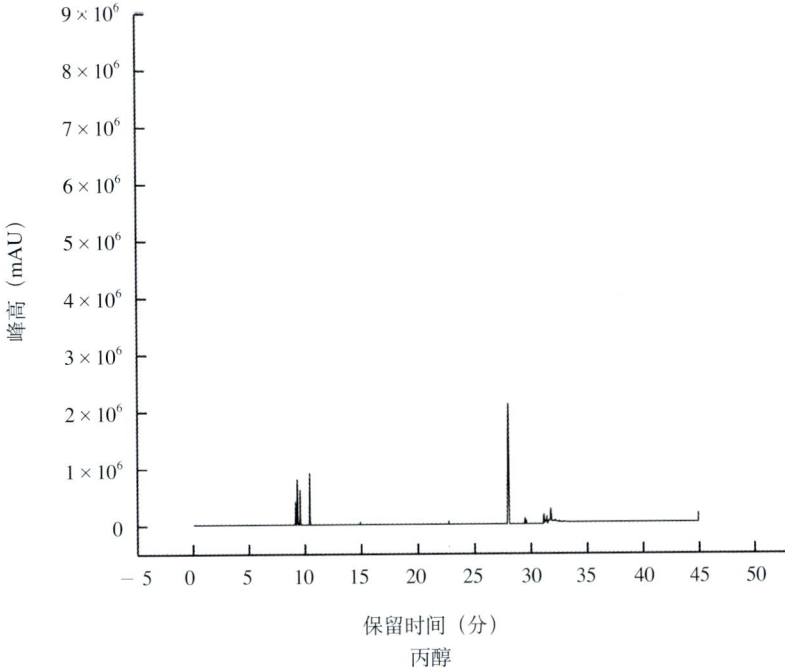

图7-1　不同溶剂提取香露兜挥发性成分总离子流图

### 2.提取方式的选择

课题组分别采用水蒸气蒸馏法、同时蒸馏－萃取法、顶空固相微萃取法、浸提法、超声波萃取法等5种方法进行香露兜叶片挥发性香气成分的提取（表7-4）。5种不同提取方式共检测出43种挥发性香气化合物，属于吡咯类、醇类、酚类、呋喃类、呋喃酮类、醛类、酸类、酮类、烯烃类、酯类和芳香族化合物11类（表7-5）。其中水蒸气蒸馏提取物中含有7类、13种挥发性成分，吡咯类成分占其挥发性成分种类的47.13%，酯类36.68%，醇类8.45%，烯烃类3.55%，芳香族化合物2.59%，酮类1.38%和呋喃类0.21%；同时蒸馏-萃取法提取物中含有8类、15种挥发性成分，烯烃类成分占其挥发性成分种类的28.27%，醇类21.28%，酯类16.32%，吡咯类10.63%，酮类9.16%，呋喃类6.88%，酚类3.79%和呋喃酮类3.67%；顶空固相微萃取物中含有6类、10种挥发性成分，酯类成分占其挥发性成分种类的49.60%，吡咯类31.08%，醇类14.97%，酮类2.56%，烯烃类1.33%和醛类0.37%；浸提提取物中含有8类、

147

15种挥发性成分，酯类成分占其挥发性成分种类的22.14%，醇类20.88%，烯烃类16.04%，酮类15.30%，吡咯类13.21%，呋喃酮类6.28%，呋喃类4.08%和酚类2.06%；超声波萃取化合物中含有10类、20种挥发性成分，烯烃类成分占其挥发性成分种类的23.91%，呋喃酮类21.46%，醇类13.29%，吡咯类12.23%，呋喃类10.70%，酮类7.23%，酸类5.54%，酯类2.97%，醛类1.46%和酚类1.21%。香露兜5种提取物挥发性成分种类组成和含量差异较大（图7-2）。5种不同提取方式香露兜提取物共有挥发性成分中，2AP含量存在极显著差异。其中超声波萃取香露兜提取物中2AP含量（122.48±2.52）微克/克，远高于其他4种提取方式。

表7-4　5种提取方式香露兜提取物挥发性种类分析

| 序号 | 化合物 | 含量（微克/克） | | | | |
|---|---|---|---|---|---|---|
| | | I | II | III | IV | V |
| 1 | 吡咯类 | 51.06 | 35.35 | 19.22 | 36.5 | 122.48 |
| 2 | 醇类 | 9.15 | 70.74 | 9.26 | 57.69 | 133.18 |
| 3 | 酚类 | 0 | 12.61 | 0 | 5.7 | 12.1 |
| 4 | 呋喃类 | 0.23 | 22.88 | 0 | 11.27 | 107.15 |
| 5 | 呋喃酮类 | 0 | 12.21 | 0 | 17.36 | 214.99 |
| 6 | 醛类 | 0 | 0 | 0.23 | 0 | 14.66 |
| 7 | 酸类 | 0 | 0 | 0 | 0 | 55.54 |
| 8 | 酮类 | 1.5 | 30.47 | 1.64 | 42.29 | 72.42 |
| 9 | 烯烃类 | 3.85 | 93.98 | 0.82 | 44.33 | 239.51 |
| 10 | 酯类 | 39.74 | 54.25 | 30.67 | 61.18 | 29.77 |
| 11 | 芳香族 | 2.81 | 0 | 0 | 0 | 0 |
| 总量 | | 108.34 | 332.49 | 61.84 | 276.32 | 1 001.8 |

注：I、II、III、IV、V分别代表水蒸气蒸馏法、同时蒸馏-萃取法、顶空固相微萃取法、浸提法和超声波萃取法。下同。

表 7-5　5 种提取方式香露兜提取物挥发性成分分析

| 化合物种类 | 保留时间（分） | 化合物名称 | 代码 | 含量（微克/克） | | | | |
|---|---|---|---|---|---|---|---|---|
| | | | | I | II | III | IV | V |
| 吡咯类 | | | | | | | | |
| | 11.812 | 2-乙酰基-1-吡咯啉 | A1 | 51.06±0.03 | 35.35±0.07 | 19.22±0.67 | 36.5±0.02 | 122.48±2.52 |
| 醇类 | | | | | | | | |
| | 8.062 | 2-甲基-3-丁烯-2-醇 | B1 | — | — | — | 4.58±0.22 | — |
| | 8.873 | 4-戊烯-2-醇 | B2 | — | — | — | — | 9.2±0.1 |
| | 13.016 | 叶醇 | B3 | — | 27.68±0.04 | — | — | 40.32±1.33 |
| | 16.764 | 2-壬醇 | B4 | — | 7.11±0.1 | — | — | — |
| | 19.935 | 反式-1-甲基-4-(1-甲基乙烯基)环己-2-烯-1-醇 | B5 | — | — | — | — | 14.12±1.23 |
| | 20.512 | 糠醇 | B6 | — | — | — | 5.38±0.06 | — |
| | 24.612 | 2-丁基-1-辛醇 | B7 | — | — | — | — | 4.67±0.34 |
| | 31.083 | E-7-四癸醇 | B8 | 9.15±1.28 | — | 9.26±0 | — | — |
| | 32.427 | 2-十六醇 | B9 | — | — | — | — | 5.27±0.21 |
| | 36.826 | 叶绿醇 | B10 | — | 35.95±0.77 | — | 47.73±0.03 | 59.6±1.85 |

（续）

| 化合物种类 | 保留时间（分） | 化合物名称 | 代码 | 含量（微克/克） | | | | |
|---|---|---|---|---|---|---|---|---|
| | | | | I | II | III | IV | V |
| 芳香族 | 11.199 | 异丁基苯 | C1 | 1.06±0.06 | — | — | — | — |
| | 13.598 | 戊基苯 | C2 | 0.93±0.05 | — | — | — | — |
| | 19.233 | 正庚基苯 | C3 | 0.82±0.1 | — | — | — | — |
| 酚类 | 32.61 | 2,4-二叔丁基酚 | D1 | — | 12.61±0.07 | — | 5.7±0.12 | 12.1±0.45 |
| 呋喃类 | 33.663 | 2,3-二氢苯并呋喃 | E1 | — | 22.88±0.08 | — | 11.27±0.1 | 107.15±1.78 |
| | 8.226 | 2-乙烯基呋喃 | E2 | 0.23±1.01 | — | — | — | — |
| 呋喃酮类 | 21.814 | 3-甲基-2(5H)-呋喃酮 | F1 | — | 12.21±0.35 | — | 17.36±1.3 | 197.35±2.31 |
| | 25.845 | 4-甲基-2(H)-呋喃酮 | F2 | — | — | — | — | 17.64±1.41 |
| 醛类 | 16.058 | 5-甲基呋喃醛 | G1 | — | — | 0.23±0.19 | — | — |
| | 23.477 | 枯茗醛 | G2 | — | — | — | — | 14.66±0.59 |

（续）

| 化合物种类 | 保留时间（分） | 化合物名称 | 代码 | 含量（微克/克） | | | | |
|---|---|---|---|---|---|---|---|---|
| | | | | I | II | III | IV | V |
| 酸类 | 41.04 | 9-十六碳烯酸 | H1 | — | — | — | — | 55.54±2.13 |
| 酮类 | 8.53 | 乙酰基丁酰 | I1 | — | — | — | 0.83±0.74 | — |
| | 11.194 | 羟基丙酮 | I2 | — | 15.75±0.13 | — | 19.62±0.04 | 69.15±1.46 |
| | 11.212 | 3-羟基-2-丁酮 | I3 | — | 14.72±0.1 | — | 21.84±1.33 | — |
| | 12.324 | 2-环戊烯酮 | I4 | 1.5±0.15 | — | — | — | — |
| | 16.29 | 2-呋喃基乙酮 | I5 | — | — | 1.64±0.13 | — | — |
| | 30.672 | 2-羟基环十五烷酮 | I6 | — | — | — | — | 3.27±0.23 |
| 烯烃类 | 10.491 | 苯乙烯 | J1 | — | — | 0.82±0.67 | — | — |
| | 39.861 | 角鲨烯 | J2 | — | 92.63±0.22 | — | 44.33±0.07 | 181.46±0.53 |
| | 26.457 | 新植二烯 | J3 | — | 1.35±0.07 | — | — | 58.05±2.03 |
| | 18.772 | 石竹烯 | J4 | 3.85±1.27 | — | — | — | — |

（续）

| 化合物种类 | 保留时间(分) | 代码 | 化合物名称 | 含量（微克/克） | | | | |
|---|---|---|---|---|---|---|---|---|
| | | | | I | II | III | IV | V |
| 酯类 | 12.153 | K1 | 乳酸乙酯 | — | 13.39±0 | — | — | 14.91±0.25 |
| | 15.969 | K2 | 丙烯酸-2-乙基己酯 | — | — | — | — | 5.64±0.22 |
| | 29.106 | K3 | 异戊酸香叶酯 | 10.59±0.07 | — | — | — | — |
| | 31.119 | K4 | 棕榈酸甲酯 | 3.97±0.53 | — | 10.89±0.03 | — | — |
| | 31.767 | K5 | 棕榈酸乙酯 | — | 10.48±0.17 | 0.11 | 24.44±1.28 | — |
| | 32.078 | K6 | 9-十六碳烯酸乙酯 | 5.07±1.28 | — | 1.77±0.07 | — | — |
| | 34.109 | K7 | 硬脂酸甲酯 | 14.23±0.44 | — | 16.26±0.06 | — | — |
| | 34.535 | K8 | 油酸甲酯 | 5.88±1.27 | — | 1.64±0.13 | — | — |
| | 34.825 | K9 | 油酸乙酯 | — | — | — | 13.63±0.14 | — |
| | 35.463 | K10 | 亚油酸乙酯 | — | 17.37±0.09 | — | 2.99±0.06 | 9.22±0.32 |
| | 37.889 | K11 | 9-十六碳烯酸甲酯 | — | 13.01±0.08 | — | 20.12±0.08 | — |

注："—"表示未检测到该物质。

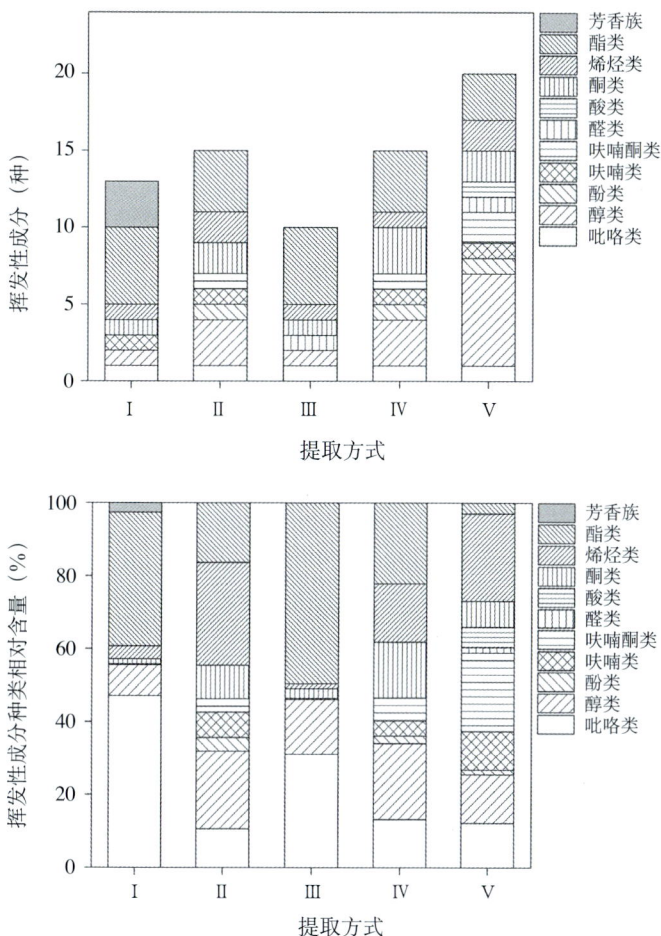

图7-2 不同提取方式香露兜挥发性成分种类及其相对含量比较

超声波萃取对烯烃类、呋喃酮类、吡咯类、醇类、呋喃类、酮类、酸类、酚类等香露兜挥发性成分的提取效果在种类和含量上，明显优于其他4种提取方式。与此同时超声波萃取提取物中挥发性成分总含量以及2AP含量也远高于其他4种提取方式。另外，蒸馏萃取、浸提和水蒸气蒸馏对酯类的提取效果较好，而对香露兜其他挥发性成分的提取效果一般。

超声波提取无需高温，常压萃取，安全性好，操作简单易行，维护保养方便，萃取效率高，能够加速植物有效成分的浸出提取，且萃取工艺成本低，综合经济效益显著。由此综合考虑，超声波萃取辅助无水乙醇提取香露兜挥发性成分的效果最佳。

## 二、香露兜主要用途

香露兜叶片含有2AP、角鲨烯、亚油酸、叶绿醇等香气成分，以及蛋白质、维生素、生物碱、类胡萝卜素、矿物质及丰富的膳食纤维等营养成分，具有增强细胞活力、加快新陈代谢、提高人体免疫力等作用，被誉为"东方香草"，其叶片广泛应用于食品、医药、化妆品等行业。

### （一）食用价值

因其独特的香气"粽香"被作为一种天然的香料应用于食品行业，香露兜使食物不仅具有诱人的绿色，还具有沁人心脾的芬芳，为美食增香添色，令人心旷神怡。在国际标准组织（ISO）676号文件中，香露兜被列入能够作为食品原料的109种草本香料植物之一。2022年，海南省卫生健康委员会发布海南省食品安全地方标准《香露兜叶（粉）》（DBS 46/004—2022）。

香露兜作为食品原料在国际市场上流通和消费，东南亚不少国家用其叶汁当作添加香料来为糕点和饮料提升品质，是热带地区人们常用的食品香料之一。香露兜全株均可食用，一般取其鲜叶，用于糕点、甜品、饮料和面食中，或用鲜叶包裹肉类，进行蒸、煮、炸；也可低温干燥后粉碎得到香露兜粉，直接冲泡，或辅以各种食材，增加营养及诱人的香味和绿色。

很久以前，马来西亚的娘惹（华侨与当地人生下的女性后裔）就喜欢把香露兜叶片加入食物里，使食物增添清新、香甜，给人带来有视觉和味觉的双重享受，让味蕾体验到一种独特而又让人欲罢不能的风味。在泰国、马来西亚和印度尼西亚烹饪中，香露兜被用来增强大米或米饭的味道。从香露兜叶片中提取的汁液是马来西亚椰浆饭与印度尼西亚姜黄饭及其蛋糕行业的主要原料，并且一种将椰子汁与香露兜叶片一起蒸煮米饭作为早餐很受欢迎。在印度，当地市场上卖的香露兜叶片是用于给米饭、咖喱、牛奶、蛋糕、布丁与冰激凌等食品提升味道。在泰国，香露兜叶片也被用来包裹烹饪用的食物，如最著名的菜肴之一香露兜鸡或腌汁香叶鸡肉（用香露兜叶包裹的腌制鸡肉片，在锅中油炸）。将香露兜叶整齐地折叠成小篮子，可用来装布丁和蛋糕。提取的香露兜香精常被用作绿色食品染料，使食物具有受欢迎与特别的鲜绿色。

在我国，以香露兜为主要材料制作的斑兰蛋糕、斑兰七层糕、斑兰粽、斑兰月饼、斑兰冰激凌、斑兰椰子冻、斑兰角滑、斑兰椰子汁、斑兰咖啡、斑

图7-3　斑兰蛋糕

兰西米、斑兰糖浆、斑兰酱、斑兰豆腐、斑兰排骨、斑兰鸡、斑兰米饭、斑兰面条、斑兰馒头、等糕点、饮品、菜肴及主食已经成为热带地区著名的特色美食，深受广大消费者的喜爱（图7-3至图7-15）。也有用加工的香露兜干叶与红茶、香茅等制成芳香花草茶。

以香露兜为原材料，衍生出世界知名的"新加坡斑兰戚风蛋糕""马来西亚斑兰九层糕""印度尼西亚斑兰椰丝卷""泰国斑兰椰汁沙冰"等美食，是南亚及东南亚国家百姓日常生活的必备品，目前也已应用到欧美和日本等发达国家的餐饮和日化市场。除了将香露兜叶片融入食品中，也可用其装饰食物，那一抹赏心悦目的绿色，令人垂涎欲滴。

图7-4　斑兰酸奶蛋糕

图7-5　斑兰七层糕

图7-6　斑兰豆腐

图7-7　斑兰猪扒

图7-8　斑兰粽

图7-9　斑兰月饼

图7-10　斑兰面条

图 7-11　斑兰椰子汁

图 7-12　斑兰咖啡

图7-13　斑兰柠檬

图7-14　斑兰冰激凌

图7-15　斑兰角滑

## （二）药用价值

香露兜叶片含有较强的抗氧化成分，具有开胃消食、解暑、祛湿、镇定安神、抗炎、舒筋活络、抗抑郁、增强细胞活力、加快新陈代谢、提高人体免疫力、预防痛风和高尿酸、保护胰腺、保护肝脏、抗高血压、抗诱变、抗糖尿病、抑制肿瘤生长等作用，可用于制药。香露兜鲜叶片的水提物有降火功效，对治疗内热、感冒、咳嗽和麻疹非常有效。将切碎的新鲜茎或根在水中煮沸制成的药汤，也可用于治疗泌尿系统的感染。从鲜叶中提取汁液与芦荟汁配合使用，可治疗某些皮肤病。由于香露兜叶中含有精油、糖苷、生物碱、单宁酸等成分，因此，该植物被认为是利尿剂，有助于伤口和小痘的愈合。香露兜叶片与马缨丹叶片的混合物对于治疗咳嗽有很好的效果。从香露兜叶片中提取的精油被作为一种兴奋剂和抗痉挛剂，对头痛、风湿痛和癫痫有一定疗效，并可缓解咽喉痛。香露兜根系的热水提取物具有降血糖的功效，并已从该活性物质中分离鉴定出4-羟基苯甲酸。香露兜提取物对黄嘌呤氧化酶的抑制作用使其成为治疗高尿酸血症的潜在治疗剂。用加工好的香露兜叶片制成芳香草本茶，具有类似强心剂的功效。香露兜的乙醇粗提物显示出抗氧化性、抗生物膜和抗炎活性。在使用鹤形疟原虫的抗炎研究中，气生根提取物对角叉菜胶诱导的水肿产生抑制作用。

　　香露兜在东南亚也是一种药食同源的植物。据东南亚民间统计，香露兜的叶片可使身体恢复活力，减少发烧，减轻消化不良和肠胃气胀；香露兜精油能有效治疗头痛、风湿病和癫痫病，并且可以治疗喉咙痛。因此，东南亚当地居民不仅把它作为调味料，还将它用作治疗神经衰弱、痛风、高血压和风湿病的传统药物。在泰国，当地居民常将香露兜叶片和水一起煮沸饮用，以达到提神目的；也有用香露兜叶片煮水后，放入几枚龙眼，风味独特，除了散发出沁人心脾的甜香外，据说对治疗抑郁症也有一定作用；香露兜还被作为一种传统药物治疗糖尿病。在越南，香露兜也被制成茶饮料以减轻糖尿病的威胁。在马来西亚等一些国家，当地人将香露兜叶片、薏米和冬瓜糖一起熬煮，对于解暑、祛湿有极好效果。在菲律宾，香露兜叶片用来治疗麻疹、麻风病、喉咙痛及利尿。

　　在中国，台湾地区香露兜被用于治疗发热；海南等地区居民经常使用香露兜叶片煮水喝，达到消暑去火的效果，同时在夜晚喝香露兜茶还具有安神的效果（图7-16、图7-17）。

图7-16　香露兜龙眼茶

图7-17　香露兜薏米茶

## （三）洗护价值

香露兜除了具有食用价值和药用价值外，还被用于香水、护肤品、空气清新剂等行业。东南亚居民还将香露兜用于防止脱发，使头发变黑，消除头皮屑。在马来西亚传统典礼上，常被安排的"百花香"就是将香露兜叶片切碎后与精选有花香的花瓣制作而成；以及在妇女分娩后将香露兜叶片加入沐浴水中，用来清洗头发。在菲律宾，香露兜叶片用于制作洗涤剂。在印度，将散沫花、马蜂橙叶、椰奶、牛奶与香露兜叶片混合后用于清洗头发并提供香气。在我国，香露兜叶片还用来制作面膜、洗手液等洗护用品（图7-18）。

图7-18　斑兰叶面膜

## （四）景观价值

　　香露兜叶片常年翠绿并散发香气，可作为盆栽或者景观带供人观赏，同时叶片也可以放置在客厅、厨房、车内等为环境增香（图7-19、图7-20）。香露兜也是一种天然对环境无公害的防治害虫的材料，可用于驱除虫类，对蟑螂有着显著的驱避性。例如在新加坡和马来西亚，出租车司机会在他们的出租车内放上几束香露兜鲜叶，用于清新空气的同时，还具有驱逐蟑螂的作用。当将香露兜特征香气2AP作为蟑螂驱除剂进行测试时，驱虫率高达65%～93%。香露兜祛除异味效果明显，如新装修的房屋或新买的车内可以放置一些香露兜叶片，可以祛除屋内及车内异味。香露兜叶片也可以编织成花作为装饰放在客厅、房间、办公室等地，起到美化环境的效果（图7-21）。

图 7-19　香露兜盆景（户外）

图 7-20　香露兜盆景（室内）

图7-21　香露兜玫瑰花

## （五）其他价值

香露兜叶片可以编织成小的食品容器，也可以用于食品包装纸烧烤。在马来西亚和菲律宾，香露兜叶片干燥后，染色并编织成诸如垫子、手提袋、扇子、盒子、篮子、衣服和拖鞋之类的产品。香露兜叶片营养丰富，适口性良好，可以作为牛、羊、猪等家畜的青饲料。在印度尼西亚、马来西亚、泰国等国家地区，香露兜已经完全融入当地的各种文化艺术当中。在我国海南省万宁市兴隆地区，印度尼西亚、马来西亚、越南、新加坡等国家的归侨很好地传承了香露兜的食用文化，以香露兜为主题元素的餐饮店就有80多家，造就了多家如"南洋风味""斑斓芯""娘惹侨""印尼餐厅"等网红餐厅，有些店内墙壁上还绘制有香露兜的餐饮文化图案。

# 第二节 香露兜发展前景

香露兜原产于印度尼西亚，是典型的热带雨林下植物，喜高温湿润气候，耐高温不耐寒、抗涝不耐旱、耐荫蔽不耐晒，对土壤要求不严。香露兜具有好种植、好管理、好采收、好加工、市场前景好、生态效益好等"六个好"的特点。香露兜种植10 ~ 12个月即可收割叶片，每年采收6 ~ 8次，每公顷平均产量约30吨，收益15万元左右，可连续采收10 ~ 15年，经济效益好，食用价值高，技术门槛低，一次种植多年受益，是海南林下种植的优势作物和海南地方特色蓬勃发展的新兴产业，有望发展成为海南特色高效农业产业和农业转型升级的"支点型"产业。

## 1.已有一定的产业基础

目前，香露兜主产于印度尼西亚、新加坡、马来西亚、泰国、斯里兰卡、印度等国家，年产鲜叶约400万吨，其中东南亚占80%以上。市场销售产品以香露兜粉、酊剂等中间品以及糕点、饮料等消费品为主，其中斑兰戚风蛋糕风靡全球，斑兰九层糕、斑兰卷、斑兰清补凉等美食深受顾客喜爱。海南是我国香露兜种植起源地和优势产区，种植区域主要有万宁、琼海、陵水、文昌、儋州、保亭、定安、白沙、三亚、乐东、东方等地。其中万宁作为主要分布区和传统利用地区，种植面积330多公顷。目前，我国南方已有丰富的香露兜利用文化，多以南洋文化为载体，民间综合利用模式为主，在特色餐饮、观赏园艺、休闲旅游等行业利用传播。斑兰糕、斑兰清补凉、斑兰冷饮等传统美食极具南洋风情，逐渐形成海南当地百姓的消费新潮和休闲旅游的特色品牌。以万宁兴隆为例，百姓常将香露兜的新鲜叶片磨碎榨汁，加入米中蒸食，做糕点、甜品和冷饮等特色小吃。当地香露兜元素的餐饮店超过80多家，还有采购商每天收购鲜叶销往广东、广西、福建、上海等地。整体而言，香露兜已经具备足够的市场前期基础，基本形成从种植、加工到销售的完整产业链，产业发展势如破竹。

## 2.产业前景广阔

作为一种"海南味"十足的特色香料作物，香露兜自身即为天然绿色香料，由于香露兜具有产品种类多、接地气、技术门槛低、劳动投入少、适合林下发展等诸多优点，使其具备快速发展成为海南特色乡村振兴产业的独特优势，其前景广阔。

（1）香露兜使用方便，用途广泛　香露兜是一种天然香料，可以直接加工或者简单加工后应用于食品饮料和日化行业中，风味独特，香味浓郁。加工过程中无须添加其他香精或色素，产品散发出一种类似粽子的香味。产品色泽保持天然绿色，具有纯天然、无污染、原生态、无添加等特点，符合我国当前百姓的消费升级潮流。

（2）香露兜为典型热带作物　适宜在年均气温超过21℃、无霜冻的气候区种植。在我国海南全岛均可发展种植，在广东雷州半岛、广东广州、广东台山、云南西双版纳、福建漳州、台湾等少部分地区少量种植，其他地方均难以规模化生产。海南具有发展香露兜难以替代的区域气候优势，可作为香露兜原料种植基地和中间品深加工基地，以加工中间品辐射全国烘焙、饮食等消费市场。

（3）香露兜种植技术门槛低　香露兜是多年生草本植物，环境适应能力强，对土地要求不高，育苗、种植、采收等生产环节操作简单，种植户容易掌握，种植成本和劳动力投入相对比较低。同时，种苗种植1次，可以连续采收10～15年，具有一次种植多年受益的优点，是一种真正的"懒人农作物"，深受百姓追捧。

（4）香露兜是海南"三棵树"林下间作的优势作物　香露兜耐荫蔽，适宜在橡胶、椰子、槟榔等林下环境中种植。海南橡胶、椰子、槟榔林面积高达73.3万公顷，再加上菠萝蜜等其他经济林和房前屋后，林下土地资源闲置严重，生产中常过度施用除草剂，单一作物长期种植也容易导致土壤地力退化。林下发展香露兜，定植10～12个月即可采收产生经济收益，在增加土地产出的同时，破解了"三棵树"林下资源闲置、非生产周期长和价格波动导致收入不稳定的难题，还丰富了农林生态系统物种多样性，减少了有毒有害农田投入品的使用，改善了土壤和生态环境质量。海南"三棵树"林下间作香露兜符合海南省"生态立省"发展理念，有利于实现海南槟榔、椰子、橡胶等林下经济产业链增值，打造知名热带特色香料品牌，加快海南自由贸易港优势产业培育，促进热区农业结构调整和香露兜产业的可持续发展。

（5）《香露兜叶（粉）》食品安全地方标准已发布实施　长期以来香露兜民间多以鲜叶销售为主，规模化企业因缺乏食品安全地方标准这一"身份证"而难以介入产品生产和市场推广。香露兜缺少市场准入"身份证",成为产业发展卡脖子"堵点"问题,亟待"破难题",促进产业健康发展。针对限制产业发展的这一核心瓶颈问题,香饮所联合海南省疾病预防控制中心、海南兴科热带作物工程技术有限公司、海南省烘焙协会等单位系统开展了《香露兜叶(粉)》食品安全性评价。经过6年多的不懈努力,2022年11月16日,海南省卫生健康委员会正式发布海南省食品安全地方标准《香露兜叶(粉)》(DBS46/004—2022)。该标准的发布实施,解决了缺少市场准入"身份证"的问题,将为海南斑兰叶产业化发展提供技术标准,为海南林下经济持续发展提供新动能。

(6)香露兜市场前景可观  随着我国烘焙饮品行业扩张迅猛,目前中国烘焙行业规模仅次于美国,是全球第二大市场。2020年中国烘焙行业规模达2 569亿元,同比增长11.2%。一些细分领域或者衍生品越发受到消费者追捧。目前,香露兜国外市场销售产品以鲜叶、斑兰叶粉、酊剂等原料和中间品,以及糕点、冰激凌、饮料等终端产品为主。其中,新加坡国糕——绿蛋糕风靡全球,印度尼西亚、马来西亚、泰国等国家的七层糕、斑兰卷、斑兰戚风、清补凉等美食也深受欢迎。为促进香露兜产业健康发展,香饮所以"科技+"为纽带注入全产业链,引导海南省烘焙协会、海南兴科热带作物工程技术有限公司、上海锦锐贸易有限公司、蒙牛乳业集团等具有一定规模的加工企业涉足香露兜加工,打造海南香露兜加工产品集散基地,辐射全国烘焙、饮食、香料等行业,在步行街、大型商场、旅游景点等布局体验店,打造海南知名伴手礼,满足人们对个性化绿色农产品需求,市场潜力巨大。

### 3.与国家政策高度契合

《中华人民共和国国民经济和社会发展第十四个五年规划和2035年远景目标纲要》中提出优化农业生产布局,建设优势农产品产业带和特色农产品优势区。发展县域经济,推进农村一二三产业融合发展,延长农业产业链条,发展各具特色的现代乡村富民产业。2022年中央1号文件《中共中央 国务院关于做好 2022 年全面推进乡村振兴重点工作的意见》中提出大力发展县域范围内比较优势明显、带动农业农村能力强、就业容量大的产业,推动形成"一县一业"发展格局。发展香露兜是优化林下种植结构和实现林下产业协同高效的有效途径,也是落实2022年中央1号文件"巩固提升脱贫地区特色产业,大力发展县域富民产业"的具体体现。

香露兜是典型的热带特色香料植物，且适宜在林下种植，在中国，海南省是香露兜的优势产区。发展香露兜产业符合海南省"生态立省"发展理念和热带特色高效农业的产业布局。

在我国海南发展香露兜产业，以下几方面的工作应引起重视，并认真进行策划与研究。

（1）继续引进优异种质资源，培育优良品种，开展种苗繁育技术研究　目前，我国香露兜种质资源相对匮乏，品种相对单一。此外，香露兜是典型的热带草本植物，对温度要求较高。在种质资源的调查收集与品种选育时，要注重抗寒资源和品种的收集与选育，推进品种培优，为热带作物北移种植提供品种支撑。针对生产上香露兜种苗质量参差不齐、种苗需求量大等问题，优化香露兜组培繁育技术，研究香露兜诱导丛生芽同步化调控，提高生根效率，制定香露兜组培苗及组培快繁技术标准，构建"育繁推一体化"技术体系。

（2）开展绿色低碳栽培技术研究与集成应用　目前香露兜规模化种植尚处于起步阶段，生产上管理粗放、技术不配套、产量和品质差异大，有必要进行绿色低碳栽培技术研究与示范推广，包括规范香露兜种植园区的选择、栽培技术、合理施肥技术、病虫害绿色防控技术、标准化采收技术等。做到不仅要提高香露兜产量和品质，还要推进绿色低碳生产，构建香露兜低碳循环生态系统，促进产业可持续发展。

（3）推进香露兜精深加工技术研究及产品研发与应用　香露兜主要以使用叶片为主，采收的叶片不能及时使用会发黄失绿、香气散失。香饮所研发的香露兜粉，解决了鲜叶不耐储运、风味和色泽难以保持、使用工艺繁琐、综合利用率低等问题。随着产业的发展，应进一步开展香露兜酊剂、香露兜香精等精深加工技术与产品研发；制定相关技术规程和标准，为建设香露兜工程化、标准化、规模化加工生产线提供成熟配套的加工工艺，解决香露兜产品加工技术缺乏、产品附加值低等瓶颈问题；拓展香露兜应用领域，促进香露兜产业健康可持续发展。

# 参考文献

陈光能，2017.海南槟榔高产栽培技术[J].中国果菜，37(3)：69-71.

陈思平，郭培培，秦晓威，等，2021.香露兜中2-乙酰-1-吡咯啉的鉴定与定量分析[J].食品工业，42(4)：463-467.

陈小凯，马晋芳，葛发欢，等，2017，HPLC法测定香露兜叶超临界$CO_2$萃取物中角鲨烯的含量[J].中药材，40(12)：2899-2901.

车秀芬，张京红，黄海静，等，2014.海南岛气候区划研究[J].热带农业科学，34(6)：60-65，70.

冯献起，顾明广，王聪，等，2013.红树林植物露兜簕果实的化学成分研究[J].应用化工，42(6)：1154-1155，1158.

符之学，2018.万宁市槟榔种植业现状及健康持续发展措施[J].现代农业科技(9)：123-124.

郭培培，吉训志，秦晓威，等，2020.不同基因型斑兰叶光合日变化及环境因子的相关性分析[J].海南大学学报(自然科学版)，38(1)：52-58.

郭培培，黄志，秦晓威，等，2020.香露兜不同叶位挥发性成分差异性分析[J].热带作物学报，41(12)：2517-2525.

苟亚峰，薛超，高圣风，等，2022.斑兰叶叶部病害病原菌的分离鉴定[J].热带作物学报，43(12)：2527-2533.

郝朝运，2020.神奇的东方香草：斑兰叶[J].生命世界(8)：50-51.

胡荣锁，郭培培，宗迎，等，2021.基于HS-SPME/GC-MS的8种露兜树属叶片挥发性组分差异分析[J].热带作物学报，42(3)：897-907.

侯宪文，魏志远，等，2019.我国主要热带果树施肥管理技术[M].北京：中国农业科学技术出版社.

黄艳丽，陈思平，郭培培，等，2020.7种不同提取方式对香露兜挥发性成分的影响[J].天然产物研究与开发，32(9)：1582-1591.

吉训志，秦晓威，杨艺秋，等，2021.斑兰叶不同愈伤组织芽分化与抗氧化酶类关系[J].热带农业科学，41(2)：60-65.

蒋振强，汪舒婕，王羽萌，2014.无法抗拒的那首东南亚美食狂想曲[J].美食(7)：14-27.

靳福娅，李雄亮，马梦垚，2021.浅谈膳食纤维的生理功能及其在食品中的应用[J].广东化
　　工，48(24)：50-51.

李佳，刘立云，周焕起，等，2019.海南岛不同产量水平槟榔叶片营养元素丰缺状况调查[J].
　　中国南方果树，48(1)：13-15，19.

李丽华，秦晓威，鱼欢，等，2022.海南岛斑兰叶分布格局研究[J].中国热带农业(3)：67-
　　73.

鲁剑巍，曹卫东，等，2010.肥料使用技术手册[M].北京：金盾出版社.

吕朝军，钟宝珠，钱军，等，2014.槟榔园不同林下经济模式对红脉穗螟发生数量的影响[J].
　　中国南方果树，43(4)：97-98.

罗明将，吉训志，秦晓威，等，2020.香露兜繁育技术及影响香气成分研究进展[J].中国热
　　带农业(6)：46-51.

孙慧洁，龚敏，2019.海南槟榔种植、加工产业发展现状及对策研究[J].热带农业科学，
　　39(2)：91-94.

谭明欣，秦晓威，李倩松，等，2019.IBA处理时间对斑兰叶根系生长的影响[J].中国热带
　　农业，4：60-63.

唐瑾暄，鱼欢，郭彩权，等，2020.不同荫蔽度对香露兜光合特征及香气成分的影响[J].福
　　建农业学报，35(8)：820-829.

唐瑾暄，秦晓威，鱼欢，等，2021.槟榔间作香露兜对土壤养分和养分吸收的影响[J].热带
　　作物学报，42(9)：2571-2578.

王辉，罗应，梅文莉，等，2012.香露兜叶的抗氧化活性[J].天然产物研究与开发(24)：
　　219-223.

王景飞，潘梅，黄赛，等，2018，香露兜组织培养及植株再生技术的研究[J].中国园艺文摘
　　(11)：22-24.

王盈盈，王琦琛，钟惠民，2011.露兜树果实中醇溶精油成分的分析[J].青岛科技大学学报
　　（自然科学版），32(4)：369-371.

吴朝波，任承才，朱明军，等，2021.外源钙对槟榔生长、生理及养分吸收的影响[J].广东
　　农业科学，48(5)：83-91.

徐德进，徐广春，徐鹿，等，2021.蔬菜田蜗牛的发生及防治对策[J].江苏农业科学，
　　49(19)：134-137.

徐月清，汪丹丹，赵新楠，等，2019.维生素$K_1$生理功能及其在农产品中的检测方法[J].中

国农业科学，52(18)：3207-3217.

杨连珍，刘小香，李增平，2018.世界槟榔生产现状及生产技术研究[J].世界农业，471(7)：121-128.

尹桂豪，王明月，曾会才，2010．香露兜叶挥发油的超临界萃取及气相色谱－质谱联用分析[J]．时珍国医国药(1)：159-160.

鱼欢，赵溪竹，董云萍，等，2017.热带香料饮料作物复合栽培技术[M].北京：中国农业出版社.

鱼欢，殷诚美，秦晓威，等，2019.吲哚丁酸对斑兰叶根系生长的影响[J].中国热带农业(1)：50-53.

鱼欢，唐瑾暄，李倩松，等，2020.间作香露兜提高槟榔根系生长和土壤酶活性[J].热带作物学报，41(11)：2219-2225.

鱼欢，张昂，马永忠，等，2021.香露兜粉的毒理学评价[J].现代食品科技，37(9)：263-270.

鱼欢，钟壹鸣，吉训志，等，2022.槟榔间作香露兜对香露兜光合特性和香气成分的影响[J].热带作物学报，43(4)：779-787.

张昂，钟壹鸣，鱼欢，等，2022.槟榔间作香露兜模式下土壤微生物区系分析[J].西南农业学报，35(4)：941-949.

张光杰，杨利玲，袁超，等，2017.角鲨烯开发及应用研究进展[J].粮食与油脂，30(12)：7-10.

中国科学院中国植物志编辑委员会，1992.中国植物志：第八卷[M]．北京：科学出版社.

钟壹鸣，王志勇，秦晓威，等，2022.槟榔间作香露兜对土壤微生物丰度与多样性的影响[J].热带作物学报，43(1)：101-109.

钟壹鸣，张昂，王志勇，等，2022.槟榔间作香露兜对土壤细菌群落结构和多样性的影响[J].西南农业学报，35(4)：915-923.

朱丽艳，2020.园林植物常见蛾类害虫综合防治研究[J].农业科技与装备(1)：13-14.

朱希茹，许梦瑶，王芳，等，2021．主要磷肥产品的发展历程与展望[J].肥料与健康，48(4)：10-16.

宗迎，吉训志，秦晓威，等，2019.斑兰叶在海南的种植的发展前景[J].中国热带农业(6)：15-19，7.

BHATTACHARJEE P，KSHIRSAGAR A，SINGHAL R S，2005. Supercritical carbon dioxide extraction of 2-acetyl-1-pyrroline from *Pandanus amaryllifolius* Roxb. [J]. Food Chemistry，91(2)：255-259.

BUTTERY R G, JULIANO B O, LING L C, 1983. Identification of rice aroma compound 2-acetyl-1 –pyrroline in pandan leaves[J]. Chemistry & Industry, 21(2): 476-478.

BUTTERY R G, LING L C, JULIANO B O, et al., 1983. Cooked rice aroma and 2-acetyl-1-pyrroline[J]. Journal of Agricultural & Food Chemistry, 31(4): 823-826.

CHENG Y, HU H C, TSAI Y C, et al., 2017. Isolation and absolute configuration determination of alkaloids from *Pandanus amaryllifolius* [J]. Tetrahedron, 73(25): 3423-3429.

CHONG H Z, ASMAH R, MD A A, et al., 2010. Chemical analysis of pandan leaves (*Pandanus amaryllifolius*) [J]. International Journal of Natural Product and Pharmaceutical Sciences, 1(1): 7-10.

JIANG J, 1999. Volatile composition of pandan leaves (*Pandanus amaryllifolius*)[M]. Bosta, MA: Flavor Chemistry of Ethnic Foods. Boston, MA: Springer: 105-109.

KALAITZAKIS D, DASKALAKIS K, TRIANTAFYLLAKIS M, et al., 2019. Singlet-Oxygen-Mediated Synthesis of Pandanusine A and Pandalizine C and structural revision of pandanusine B[J]. Organic Letters, 21(14): 5467-5470.

KALAITZAKIS D, NOUTSIAS D, VASSILIKOGIANNAKIS G, et al., 2015. First total synthesis of pandamarine.[J]. Organic Letters, 17(14): 3596-3599.

LAKSANALAMAI V, ILANGANTILEKE S, 1993. Comparison of aroma compound (2-acetyl-1-pyrroline) in leaves from pandan (*Pandanus amaryllifolius*) and Thai fragrant rice (Khao Dawk Mali-105) [J]. Cereal Chemistry, 70(4): 381-381.

LAOHAKUNJIT N, NOOMHOM A, 2004. Supercritical carbon dioxide extraction of 2-acetyl-1-pyrroline and volatile components from pandan leaves[J]. Flavour and Fragrance Journal, 19(3): 251-259.

LI J, HO S H, 2003. In pandan leaves (*Pandanus amaryllifolius* Roxb.) as a Natural Cockroach Repellent[J]. Proceedings of the 9th National Undergraduate Research Opportunites Programme, 13(1): 116-119.

LOH S K, CHEMAN Y B C, Tan C P, et al., 2005. Process optimisation of encapsulated pandan (*Pandanus amaryllifolius*) powder using spray-drying method[J]. Journal of the Science of Food and Agriculture, 85(12): 1999-2004.

Mar A, Mar A A, Thin P P, et al., 2019. Study on the phytochemical constituents in essential oil of *Pandanus amaryllifolius* Roxb. leaves and their anti-bacterial efficacy[J]. Yadanabon University Research Journal, 101(1): 1-3.

Mar A, Mar A A, Thin P P, et al., 2019. Study on the phytochemical constituents in essential oil of *Pandanus amaryllifolius* Roxb. leaves and their anti-bacterial efficacy[J]. Yadanabon University Research Journal, 101(1): 1-3.

NGADI N, YAHYA N Y, 2014. Extraction of 2-acetyl-1-pyrroline (2AP) in pandan leaves (*Pandanus amaryllifolius* Roxb.) via solvent extraction method: effect of solvent[J]. Jurnal Teknologi, 67(2): 1-7.

ROUTRAY W, RAYAGURU K, 2010. Chemical constituents and post-harvest prospects of *Pandanus amaryllifolius* leaves: A review [J]. Food Reviews International, 26(3): 230-245.

ROUTRAY W, RAYAGURU K, 2018. 2-acetyl-1-pyrroline: A key aroma component of aromatic rice and other food products[J]. Food Reviews International, 34(6): 539-565.

SUROJANAMETAKUL V, BOONBUMRUNG S, TUNGTAKUL P, et al., 2019. Encapsulation of natural flavor from *Pandanus amaryllifolius* Roxb. in rice starch aggregates[J]. Food Science and Technology Research, 25(4): 577-585.

SUZUKI R, KAN S, SUGITA Y, et al., 2017. p-coumaroyl malate derivatives of the *Pandanus amaryllifolius* leaf and their isomerization[J]. Chemical & Pharmaceutical Bulletin, 65(12): 1191-1194.

WAKTE K V, NADAF A B, THENGANE R J, et al., 2009. *Pandanus amaryllifolius* Roxb. cultivated as a spice in coastal regions of India[J]. Genetic Resources and Crop Evolution, 56(5): 735-740.

WAKTE K V, THENGANE R J, JAWALI N, et al., 2010. Optimization of HS-SPME conditions for quantification of 2-acetyl-1-pyrroline and study of other volatiles in *Pandanus amaryllifolius* Roxb. [J]. Food Chemistry, 121(2): 595-600.

WAKTE K V, ZANAN R L, THENGANE R J, et al., 2012. Identification of elite population of *Pandanus amaryllifolius* Roxb. for higher 2-acetyl-1-pyrroline and other volatile contents by HS-SPME/GC-FID from Peninsular India[J]. Food Analytical Methods, 5(6): 1276-1288.

ZHANG A, LU Z Q, YU H, et al., 2023. Effects of *Hevea brasiliensis* intercropping on the volatiles of *Pandanus amaryllifolius* leaves[J]. Foods(12): 888.

ZHONG Y M, ZHANG A, Qin X W, et al., 2022. Effects of intercropping *Pandanus amaryllifolius* on soil properties and microbial community composition in Areca Catechu Plantations[J]. Forests, 13(11): 1814.

# 附录一 香露兜 种苗
## （NY/T 4264—2023）

## 1 范围

本文件规定了香露兜（*Pandanus amaryllifolius* Roxb.）种苗的术语和定义、要求、检验方法、检验规则、包装、标识、贮存和运输。

本文件适用于香露兜组培苗和分蘖苗。

## 2 规范性引用文件

下列文件中的内容通过文中的规范性引用而构成本文件必不可少的条款。其中，注日期的引用文件，仅该日期对应的版本适用于本文件；不注日期的引用文件，其最新版本（包括所有的修改单）适用于本文件。

GB 6000 主要造林树种苗木质量分级

GB 15569 农业植物调运检疫规程

GB 20464 农作物种子标签通则

## 3 术语和定义

下列术语和定义适用于本文件。

3.1

香露兜 pandan

露兜树科（Pandanaceae）露兜树属（*Pandanus*）热带多年生草本香料植物。

注：该植物叶片具有特殊香气，可作调料及调配新型香料，用于食品、医药和日化等行业。

3.2

分蘖苗 tiller

从植株主茎入土部分的节上（侧芽，定芽）或从根段上（不定芽）长出的小苗。

## 4 要求

### 4.1 基本要求

应符合下列基本要求：

——品种（类型）纯度≥98%；

——生长正常，无明显病虫害和机械性损伤；

——组培苗苗龄10～14个月，分蘖苗苗龄2～6个月；

——长度≥7 cm的气生根≥2条，完整叶≥2片；

——育苗容器完好，育苗基质不松散，育苗容器高≥12 cm、直径≥6.5 cm；

——无检疫性病虫害。

### 4.2 分级指标

组培苗和分蘖苗的分级指标应分别符合表1和表2的规定。

表1 组培苗分级指标

| 项目 | 等级 | |
|---|---|---|
| | 一级 | 二级 |
| 茎粗，mm | ≥6.0 | 3.0～5.9 |
| 苗高，cm | ≥25.0 | 15.0～24.9 |
| 完整叶片数，片 | ≥8 | ≥4 |

表2 分蘖苗分级指标

| 项目 | 等级 | |
|---|---|---|
| | 一级 | 二级 |
| 茎粗，mm | ≥10.0 | 7.0～9.9 |
| 苗高，cm | ≥45.0 | 35.0～44.9 |
| 完整叶片数，片 | ≥4 | ≥2 |

## 5 检验方法

### 5.1 纯度

目测样品中种苗的形态特征（见附录A），确定指定品种（类型）的种苗数。品种纯度按式（1）计算：

$$P = \frac{A}{B} \quad \cdots\cdots\cdots\cdots\cdots\cdots\cdots\cdots\cdots\cdots\cdots \quad (1)$$

式中：

$P$—品种（类型）纯度，单位为百分率（%），结果保留整数；

$A$—样品中鉴定品种株数，单位为株；

$B$—抽样总株数，单位为株。

## 5.2 外观

目测法观察植株生长状况、病虫危害、机械损伤及育苗容器等。

## 5.3 苗龄

查看育苗档案核定苗龄。

## 5.4 气生根

采用计数法计算植株长度≥7cm的气生根的条数。

## 5.5 茎粗

用游标卡尺测量植株基部直径，单位为毫米（mm），保留一位小数。

## 5.6 苗高

用钢卷尺或直尺测量植株基部至植株叶片最高处的垂直距离，单位为厘米（cm），保留一位小数。

## 5.7 叶片数

目测计算组培苗长度≥8cm的完整叶片数，分蘖苗长度≥14cm的完整叶片数。

## 5.8 检疫性病虫害

按《植物检疫条例实施细则（农业部分）》和GB 15569的规定执行。

[来源：中华人民共和国农业部令2007年 第6号 植物检疫条例实施细则（农业部分）-第1章第6条]

## 5.9 检测记录

将以上检测数据记录于附录B的表B.1。

# 6 检验规则

## 6.1 组批

同一基地、同一品种（类型）、同一等级、同一批种苗可作为一个检测批次。检验限于种苗装运地或繁育地进行。

## 6.2 抽样

6.2.1 按GB 6000的相关规定执行，起苗后苗木质量检测要在一个苗批内进行，采取随机抽样的方法，按表3规则抽样。

表3 苗木检测抽样数量

| 苗木株数（株） | 检测株数（株） |
|---|---|
| 500 ~ 1 000 | 50 |
| 1 001 ~ 10 000 | 100 |
| 10 001 ~ 50 000 | 250 |
| 50 001 ~ 100 000 | 350 |
| 100 001 ~ 500 000 | 500 |
| 500 001 以上 | 750 |

6.2.2 成捆苗木先抽样捆，再在每个样捆内各抽10株；不成捆苗木直接抽取样株。

## 6.3 交收检验

每批种苗交收前，生产单位应进行交收检验。交收检验内容包括外观、包装和标识等。检验合格并附质量检验证书（见附录C）。

## 6.4 判定规则

6.4.1 如不符合4.1，该批种苗判定为不合格；在符合4.1规定的情况下，再进行等级判定。

6.4.2 同一批种苗中，一级苗比例≥95%，其余种苗满足二级苗规定，则判定该批种苗为一级苗。

6.4.3 同一批种苗中，二级苗比例≥95%，或一级苗和二级苗总数比例≥95%，其余种苗满足基本要求，则判定该批苗为二级苗。

## 6.5 复检规则

如果对检验结果产生异议，可加倍抽样复验一次，复验结果为最终结果。

# 7 包装、标识、贮存和运输

## 7.1 包装

育苗容器完整的种苗，不需要进行包装；育苗容器轻微破损宜进行单独包装；长途运输宜采用带孔硬质框装运。

## 7.2 标识

种苗销售或调运时应附有质量检验证书和标签。质量检验证书格式见附录C，标签应符合GB 20464的要求。

## 7.3 贮存

种苗应及时放置于阴凉处，按不同品种（类型）、不同级别摆放，适时淋水。

## 7.4 运输

种苗应按不同品种（类型）、不同级别分批装运；装卸过程应轻拿轻放；应保持一定湿度，防止日晒、雨淋或风干。

# 附 录 A
## （资料性）
## 香露兜植物学特征

### A.1 香露兜

　　香露兜（*Pandanus amaryllifolius* Roxb.），又名斑兰叶、斑斓叶、板兰叶，为多年生热带常绿草本植物，植株生长高度通常为50 ～ 150 cm。从老茎部分芽，以叶片生长为主，叶片淡绿色、中绿色或深绿色，叶片长剑形，叶缘偶见微刺，叶尖刺稍密，叶背面先端有微刺，叶鞘有窄白膜。叶片长30 ～ 100 cm，宽2 ～ 5 cm，单叶重3 ～ 10 g。叶片无限抽生，无限生长。香露兜叶脉为平行叶脉，有一条明显的主脉。叶片中间凹陷，横切面呈"V"字形状。叶片具有特殊香气——粽香，主要香气成分为2-乙酰-1-吡咯啉。无花无果。植株形态见图A.1。

图A.1　香露兜植株形态

# 附 录 B

## （资料性）

## 香露兜种苗质量检测记录

香露兜种苗质量检测记录见表B.1。

表B.1 香露兜种苗质量检测记录

| 基本情况 | | | |
|---|---|---|---|
| 样品编号： | | 样品名称： | |
| 仪器编号： | | 仪器名称： | |
| 出圃株数： | | 抽检株数： | |
| 检测地点： | | 检测日期： | |
| 育苗单位： | | 购苗单位： | |

| 检测结果 | | | |
|---|---|---|---|
| 一般病虫害 | | 检疫性病虫害 | |
| 完整叶片数，片 | | 气生根，条 | |
| 苗龄，天 | | 育苗容器完整情况 | |
| 一级株数 | | 综合评级 | |
| 一级，% | | | |
| 二级株数 | | | |
| 二级，% | | | |

| 检测记录 | | | | | |
|---|---|---|---|---|---|
| 序号 | 茎粗，mm | 等级 | 苗高，cm | 等级 | 单株等级 |
| | | | | | |
| | | | | | |
| | | | | | |
| | | | | | |
| | | | | | |
| | | | | | |

检测人：　　　　　校核人：　　　　　审核人：

# 附 录 C

## （资料性）

## 香露兜种苗质量检验证书

香露兜种苗质量检验证书见表C.1。

表C.1 香露兜种苗质量检验证书

签证日期： 年 月 日　　　　　　　　　　　NO：

| 育苗单位 | | | 检验意见 |
|---|---|---|---|
| 购苗单位 | | | |
| 品种（类型）名称 | | | |
| 品种（类型）纯度 | | | |
| 出圃株数 | | | |
| 检验结果 | | | 检验单位（章） |
| 等级 | 株数，株 | 比例，% | |
| 一级苗 | | | |
| 二级苗 | | | |
| 签发日期 | 年 月 日 | 有效期 | |
| 本证一式三份，育苗单位、购买单位、检验单位各一份。 | | | |

# 附录二 斑兰叶（香露兜）种苗繁育技术规程

## （DB46/T 578—2022）

### 1 范围

本文件规定了斑兰叶（*Pandanus amaryllifolius* Roxb.）育苗过程中苗圃地选择与规划、采苗圃选择与管理、采苗与处理、育苗、苗期管理、出圃及育苗档案等技术要求。

本文件适用于斑兰叶分蘖苗繁育。

### 2 规范性引用文件

下列文件中的内容通过文中的规范性引用而构成本文件必不可少的条款。其中，注日期的引用文件，仅该日期对应的版本适用于本文件；不注日期的引用文件，其最新版本（包括所有的修改单）适用于本文件。

LY J 128 林业苗圃工程设计规范

LY/T 1000—2013 容器育苗技术

NY/T 5010 无公害农产品 种植业产地环境条件

DB46/T 577 斑兰叶（香露兜）种苗

DB46/T 579 林下间作斑兰叶（香露兜）技术规程

### 3 术语和定义

DB46/T 577 界定的术语和定义适用于本文件。

### 4 苗圃地选择与规划

#### 4.1 苗圃地选择

宜选择海拔300m以下，交通便利、近水源、避风、排水良好的平地或缓坡地，灌溉水和土壤质量应符合NY/T 5010的要求。

## 4.2 苗圃地规划

### 4.2.1 整地

清除规划用地内的杂草、石块、树枝等杂物，平整待用。

### 4.2.2 规划

根据苗圃地实际情况，规划生产区，占总面积的80%～85%。生产区分为基质存放区、分蘖苗临时贮存区和苗床。苗床宽100cm～120cm，长度因地形、地势而定，以30m～50m为宜。道路系统包括主道、支道和田间操作道。主道贯穿整个苗圃地，宽3m～4m；支道一端与主道相连，另一端贯穿不同的区域，宽1m～2m；田间操作道宽80cm～120cm，苗床和田间操作道宜铺园艺地布。

### 4.2.3 搭建荫棚

在生产区搭建荫棚，高2m～3m，宽度和长度因地形、地势而定。荫棚宜以水泥柱或钢管为框架，其中分蘖苗临时贮存区和苗床棚顶及四周覆盖遮光率40%～60%的遮阳网。

### 4.2.4 排灌设施

安装喷灌系统，修建排水沟。

### 4.2.5 其他设施

包括工具房、仓库、配药池等设施。设施的建设应符合LY J 128的要求。

## 5 采苗圃选择与管理

### 5.1 采苗圃选择

选择经济性状良好、植株健壮、无病虫害的种植园，去除变异株后作为采苗圃。

### 5.2 采苗圃管理

全年均可采苗，以4～10月为宜，气温低于20℃不宜采苗。采取分蘖苗后，人工清除行间杂草，撒施促芽肥。每666.7m² 施用复合肥（15-15-15）10kg～15kg、尿素10kg～15kg，雨后撒施或撒施后灌水。

## 6 采苗与处理

### 6.1 选苗

从母株上选择生长旺盛，无明显病虫害，茎粗3.0mm～5.0mm，苗高10.0cm～15.0cm，长度≥5cm气生根≥2条，完整且长度≥10cm叶片数≥2片的分蘖苗。采苗时用手将分蘖苗与母株分开，用小刀将分蘖苗从基部切下，避免伤及母株茎部。

### 6.2 分蘖苗处理

采苗后修剪分蘖苗根系及叶片。保留植株顶部2～3片完整叶，修剪其余叶片长度至4.0cm～8.0cm。修剪根系长度至3.0cm～5.0cm。修剪后的分蘖苗每50～100株扎成一捆。

### 6.3 运输与保存

运输过程中应避免曝晒，长距离运输应保持湿润。分蘖苗应及时育苗，如不能及时育苗应堆放在分蘖苗临时贮存区，堆放高度不宜超过100 cm，堆放时间不宜超过7 d，期间淋水保持湿润。

## 7 育苗

### 7.1 育苗时期

全年均可育苗，以4～10月为宜，气温低于18 ℃且无防寒设施不宜育苗。

### 7.2 育苗容器

育苗容器可采用育苗袋或育苗杯。容器直径≥6.5 cm，高度≥12 cm，底部有孔。

### 7.3 育苗基质

宜选花木（花卉）通用型营养土或自配基质。自配基质可选用腐熟的有机质与细沙土或沙壤土按质量比1∶8混合均匀，或根据苗圃实际情况选配育苗基质。育苗基质宜在基质存放区进行配制与存放。

### 7.4 基质消毒

育苗基质应严格进行消毒。基质消毒药剂使用方法按照LY/T 1000—2013中的附录C执行。

### 7.5 育苗方法

分蘖苗采后宜7d内进行育苗。先在育苗容器中装入1/3育苗基质，再将分蘖苗放进容器内，继续填充育苗基质至装满容器，叶片及茎部全部露出，抖实。整齐摆放在苗床上，对苗床边上的育苗容器进行培土，淋足定根水，并用50%多菌灵可湿性粉剂500倍液喷淋消毒。

## 8 苗期管理

### 8.1 水分管理

从种苗装袋至新长出长度≥10cm叶片数≥5片阶段，常保持基质湿润，

每3d喷灌1次，喷灌时间以10：00前或16：00后为宜。苗圃地积水应及时
排出。

## 8.2　除草

人工及时清除苗床杂草，不推荐使用除草剂。

## 8.3　查苗、补苗

育苗7d后进行查苗、补苗。

## 8.4　施肥

育苗30d后可喷施叶面肥。叶面肥推荐用量为5%（质量分数）速溶复合
肥（15-15-15）和3%（质量分数）尿素配制的液态肥，喷施量以种苗叶片湿
润为宜。苗期施肥1 ～ 2次。

## 8.5　病虫害防治

苗圃病虫害防治方法，按DB46/T 579的规定执行。

# 9　出圃

## 9.1　炼苗

出圃前14d停止施肥，以9：00前及16：00后揭开遮阳网为宜。出圃前7d
全天揭开遮阳网。炼苗期间喷灌1 ～ 2次。叶片呈淡绿色时即可出圃。

## 9.2　出圃要求

按DB46/T 577的规定执行。

# 10　育苗档案

参照附录A的规定执行，种苗级别按DB46/T 577的规定执行。

# 附 录 A

（资料性）

## 斑兰叶（香露兜）种苗繁育技术档案记录表

斑兰叶（香露兜）种苗繁育技术档案记录表见表A.1。

**表A.1　斑兰叶（香露兜）种苗繁育技术档案记录表**

| 育苗单位 | | 产地 | |
|---|---|---|---|
| 育苗时间 | | 育苗责任人 | |
| 育苗基质（包括基质种类、用量及配比等） | | 育苗容器（种类与规格） | |
| 施肥管理 | | | |
| 肥料种类 | | 施肥次数 | |
| 施肥用量 | | 施肥时间 | |
| 病虫害防治 | | | |
| 防治措施 | | 防治药剂 | |
| 药剂用量 | | 防治时间 | |
| 种苗数量，株 | | | |
| 一级苗，% | | | |
| 二级苗，% | | | |
| 备注 | | | |

审核人（签字）：　　　　日期：　年　月　日

# 附录三　林下间作斑兰叶（香露兜）技术规程

## （DB46/T 579—2022）

## 1　范围

本文件规定了林下间作斑兰叶（*Pandanus amaryllifolius* Roxb.）的术语和定义、园地选择、种植材料、园地准备与定植、田间管理、病虫害防治、采收、生产档案等技术要求。

本文件适用于林下间作斑兰叶生产。

## 2　规范性引用文件

下列文件中的内容通过文中的规范性引用而构成本文件必不可少的条款。其中，注日期的引用文件，仅该日期对应的版本适用于本文件；不注日期的引用文件，其最新版本（包括所有的修改单）适用于本文件。

GB/T 8321（所有部分）农药合理使用准则

GB/T 25246　畜禽粪便还田技术规范

NY/T 496　肥料合理使用准则　通则

NY/T 1276　农药安全使用规范　总则

NY/T 2798.1　无公害农产品　生产质量安全控制技术规范　第1部分：通则

NY/T 2911　测土配方施肥技术

NY/T 5010　无公害农产品　种植业产地环境条件

DB46/T 577　斑兰叶（香露兜）种苗

## 3　术语和定义

DB46/T 577界定的以及下列术语和定义适用于本文件。

3.1

幼龄期 young stage

从斑兰叶定植后至正常生长12个月左右的时期。

3.2

郁闭度 crown density

林地内树冠的垂直投影面积与林地面积之比。

3.3

间作带 intercropping belts

间作林行中间距离林行50cm以外可用于间作的空地。

## 4 园地选择

4.1 宜选择海拔400m以下、年均气温21℃以上、年降雨量大于1 000mm、生态条件良好、交通便利、排灌方便的平地或缓坡地，土层深厚、土质疏松、富含有机质、排水良好的土壤。

4.2 宜选择郁闭度0.3 ~ 0.5的槟榔、椰子、橡胶、菠萝蜜林以及其他林地。

4.3 产地周边环境及产区条件应满足NY/T 2798.1中的相关要求，产地的灌溉水和土壤质量应符合NY/T 5010的要求。

## 5 种植材料

可选择分蘖或组培繁育的种苗作为种植材料。其中分蘖繁育的种苗质量应符合DB46/T 577的要求。

## 6 园地准备与定植

### 6.1 整地

6.1.1 定植前25d ~ 30d进行整地。清除园地杂草、石头、树枝等杂物。对间作带的土壤进行翻耕，深度以20cm左右为宜。

6.1.2 整地时施基肥，以有机肥为主。每666.7m² 施用有机肥500kg ~ 1 000kg、复合肥（15-15-15）30kg ~ 50kg。基肥宜于翻耕前均匀撒施于土壤表面。所用肥料应符合7.4.1给出的相关规定。

### 6.2 排灌设施

推荐在间作带纵向铺设喷灌设施，喷水范围应覆盖整个间作带。修建排水沟。

### 6.3 定植时期

以3 ~ 10月定植为宜。

## 6.4 定植规格

6.4.1 定植于间作带，株行距以40cm ～ 60cm × 40cm ～ 60cm 为宜。

6.4.2 可根据间作林地的郁闭度和坡度适当调整定植规格。郁闭度小、坡度大，定植规格宜小；郁闭度大、坡度小，定植规格宜大。

## 6.5 定植方法

6.5.1 定植前，按照定植规格在间作带做好定植标记，在标记处挖一个略大、稍深于育苗容器的种植穴。

6.5.2 定植时小心去除育苗容器，注意保持育苗基质不松散。种苗放入植穴，定植深度以种苗根团与地面齐平或稍深为宜，茎干和叶片全部露出植穴，回土扶正，压实。

6.5.3 定植后灌透定根水。

# 7 田间管理

## 7.1 水分管理

7.1.1 定植后保持土壤湿润至成活。

7.1.2 定植成活后，根据斑兰叶生长期、天气情况以及土壤墒情等确定灌水时期、次数和每次灌溉量，以常保持土壤湿润为宜。

7.1.3 土壤田间持水量在30%以下，应及时灌水。干旱少雨季节要及时灌溉，灌透为止。

7.1.4 灌水时间以10：00前或16：00后为宜。

7.1.5 多雨季节或园地积水应及时排水。

## 7.2 查苗补苗

定植后30d内全面检查种苗成活情况，及时补苗。

## 7.3 除草

定植后，对间作带应及时人工除草，不推荐使用除草剂。

## 7.4 施肥

7.4.1 施肥原则

7.4.1.1 根据园地肥力、作物生长和肥料利用率情况确定施肥种类和施肥量，以有机肥为主，化肥为辅。推荐测土配方施肥，具体按NY/T 2911的规定执行。

7.4.1.2 所用肥料应符合NY/T 496的规定。畜禽粪便施用前应按GB/T 25246的规定进行处理。

### 7.4.2 施肥时期与方法

7.4.2.1 幼龄期宜追肥1次，定植后半年左右施用。每666.7 m² 追施尿素 15 kg ～ 20 kg、复合肥（15-15-15）20 kg ～ 30 kg。雨后开浅沟施肥，施肥后盖土，或开浅沟施肥并盖土，随后灌水。

7.4.2.2 叶片采收期每年宜追肥2 ～ 3次。每666.7 m² 每次追施尿素25 kg ～ 30 kg、复合肥（15-15-15）30 kg ～ 50 kg、有机肥100 kg ～ 150 kg。雨后撒施或撒施后灌水。

### 7.5 间作终止

当林地郁闭度增加，斑兰叶产量降低，达不到生产要求的情况下，建议终止间作。提倡将斑兰叶植株就地粉碎还田。

## 8 病虫害防治

### 8.1 防治原则

遵循"预防为主、综合防治"的植保工作方针，协调运用综合防治技术，优先采用农业和物理防治措施，科学安全使用药剂防治技术，药剂防治要求多药剂轮换使用，延缓病虫抗药产生，有效控制病虫危害。严禁使用国家和海南省禁止使用的农药种类，具体种类见附录A。

### 8.2 防治对象

斑兰叶的主要病害有茎腐病、拟茎点霉叶斑病和拟盘多毛孢叶斑病，主要害虫有蛾类幼虫、蝗虫、蜗牛和蛞蝓等。

### 8.3 农业防治

8.3.1 培育和定植健康种苗；加强种苗检疫，防止检疫性病害蔓延。

8.3.2 做好园区规划，搞好排灌系统，确保排灌便利。

8.3.3 提倡施用商品有机肥、生物有机肥、微生物肥。

8.3.4 及时排出田间积水，减少病菌滋生条件。

### 8.4 物理防治

8.4.1 人工捏除蛾类幼虫，或摘除虫卵块，并集中杀死。

8.4.2 撒施草木灰、石灰粉等。

### 8.5 药剂防治

药剂使用按GB/T 8321（所有部分）和NY/T 1276的规定执行。药剂防治措施按附录B的规定执行。

## 9 采收

### 9.1 采收时期

4～9月，每30 d～45 d可采收1次；10月至翌年3月，每45 d～60 d可采收1次。

### 9.2 采收标准

可采收的叶片：长度≥50 cm，中部宽度≥3 cm。

### 9.3 采收方法

采收植株顶部第4片以下、且符合采收标准的叶片（9.2）。利用弯刀从叶片基部采割，割叶时注意避免伤害或割断茎干和植株顶部拟保留的叶片。剔除发黄及干枯叶片，每600～800片叶捆成一捆，及时运往加工厂或销售地点。

## 10 生产档案

基地应建立完善的生产档案管理，并据实填写包括但不限于基地基本信息、年农事生产记录和农业投入品使用记录，具体见附录C。

# 附 录 A

## （规范性）

### 海南斑兰叶生产禁止使用的农药名录

海南斑兰叶生产禁止使用的农药名录见表A.1。

表A.1　海南斑兰叶生产禁止使用的农药名录

| 序号 | 药剂名称 | 序号 | 药剂名称 | 序号 | 药剂名称 | 序号 | 药剂名称 |
|---|---|---|---|---|---|---|---|
| 1 | 六六六 | 20 | 甲基对硫磷 | 39 | 苯线磷 | 58 | 福美胂 |
| 2 | 滴滴涕 | 21 | 久效磷 | 40 | 杀扑磷 | 59 | 福美甲胂 |
| 3 | 毒杀芬 | 22 | 磷胺 | 41 | 硫丹 | 60 | 甲磺隆 |
| 4 | 二溴氯丙烷 | 23 | 甲拌磷 | 42 | 五氯酚（五氯苯酚） | 61 | 胺苯磺隆 |
| 5 | 杀虫脒 | 24 | 氧乐果 | 43 | 氯丹 | 62 | 三氯杀螨醇 |
| 6 | 二溴乙烷 | 25 | 水胺硫磷 | 44 | 灭蚁灵 | 63 | 林丹 |
| 7 | 除草醚 | 26 | 特丁硫磷 | 45 | 溴甲烷 | 64 | 氟虫胺 |
| 8 | 艾氏剂 | 27 | 甲基硫环磷 | 46 | 磷化铝 | 65 | 百草枯 |
| 9 | 狄氏剂 | 28 | 治螟磷 | 47 | 磷化锌 | 66 | 2,4-滴丁酯 |
| 10 | 汞制剂 | 29 | 甲基异柳磷 | 48 | 磷化钙 | 67 | 八氯二丙醚 |
| 11 | 砷类 | 30 | 内吸磷 | 49 | 磷化镁 | 68 | 氯化苦 |
| 12 | 铅类 | 31 | 涕灭威 | 50 | 硫线磷 | 69 | 氰戊菊酯 |
| 13 | 氟乙酰胺 | 32 | 克百威 | 51 | 敌枯双 | 70 | 丁酰肼（比久） |
| 14 | 甘氟 | 33 | 灭多威 | 52 | 六氯苯 | 71 | 毒死蜱 |
| 15 | 毒鼠强 | 34 | 灭线磷 | 53 | 丁硫克百威 | 72 | 三唑磷 |
| 16 | 氟乙酸钠 | 35 | 硫环磷 | 54 | 乐果 | 73 | 氟苯虫酰胺 |
| 17 | 毒鼠硅 | 36 | 蝇毒磷 | 55 | 氟虫腈 | | |
| 18 | 甲胺磷 | 37 | 地虫硫磷 | 56 | 乙酰甲胺磷 | | |
| 19 | 对硫磷 | 38 | 氯唑磷 | 57 | 氯磺隆 | | |

　a 数据来源于《海南经济特区禁止生产运输储存销售使用农药名录（2021年修订版）》，如有后续修订版本，以最新版本为准。
　b 本表所列禁用农药种类包含其单剂及其复配制剂。

# 附 录 B
## （资料性）
## 斑兰叶主要病虫害药剂防治措施

斑兰叶主要病虫害药剂防治措施见表B.1。

表B.1　斑兰叶主要病虫害药剂防治措施

| 序号 | 防治对象 | 药剂名称及倍液 | 防治方法 |
|------|---------|---------------|----------|
| 1 | 茎腐病 | 77％氢氧化铜可湿性粉剂500倍液 | 发病初期，喷雾防治，每3d～5d喷一次，连续2～3次 |
| 2 | 拟茎点霉叶斑病 | 80％代森锰锌可湿性粉剂800倍液或50％异菌脲悬浮剂1 000倍液或50％甲基硫菌灵可湿性粉剂800倍液 | 发病初期，喷雾防治，每5d～7d喷1次，连续2～3次 |
| 3 | 拟盘多毛孢叶斑病 | 80％代森锰锌可湿性粉剂800倍液或40％嘧菌酯可湿性粉剂1 500倍液或20％噻菌铜悬浮剂500倍液或50％甲基硫菌灵硫黄悬浮剂800倍液 | 发病初期，喷雾防治，每5d～7d喷1次，连续2～3次 |
| 4 | 蛾类幼虫 | 18％阿维菌素乳油2 000～2 500倍液或25％灭幼脲悬浮剂2 000～2 500倍液 | 于成虫产卵期和幼虫发生期喷雾1次 |
| 5 | 蝗虫 | 45％马拉硫磷乳油1 200～1 500倍液或75％马拉硫磷油剂900～1 350倍液或90％马拉硫磷油剂900～1 200倍液 | 在蝗虫3龄盛发期至羽化前，进行超低浓度或低浓度喷雾 |
| 6 | 蜗牛和蛞蝓 | 6％四聚乙醛颗粒剂 | 撒施，每7d～10d撒1次，连续2～3次 |

# 附 录 C

## （资料性）
## 林下间作斑兰叶生产基地生产管理档案记录表

### C.1 基本信息

林下间作斑兰叶生产基地基本信息表见表C.1。

**表C.1 林下间作斑兰叶生产基地基本信息表**

基地名称： 基地地址： 基地规模（666.7m²）：

基地负责人： 记录人： 记录时间： 年 月 日

| | | | | |
|---|---|---|---|---|
| 园地信息 | 经纬度 | | 海拔，m | 备注 |
| | 坡度 | | 坡向 | |
| | 土壤类型 | | 间作林及郁闭度 | |
| | 周边环境 | | | |
| 种植信息 | 种植年月 | | 种植材料 | |
| | 种植数量，株 | | 种植规格 | |
| | 定植成活率，% | | | |
| 气象信息 | 年平均温度，℃ | | 年降雨量，mm | |
| | 最冷月均温，℃ | | 极端最低温（℃）及持续时间（d） | |
| | 最热月均温，℃ | | 极端最高温（℃）及持续时间（d） | |
| | 异常天气情况 | | | |

## C.2 农事生产操作信息

林下间作斑兰叶生产基地年农事生产操作记录表见表C.2。

**表C.2 林下间作斑兰叶生产基地年农事生产操作记录表**

基地名称：　　　　　　基地地址：　　　　　　基地规模（666.7 m²）：

基地负责人：　　　　　技术负责人：　　　　　记录年度：　年度

| 地块编号 | | 种植材料 | | 种植年月 | | |
|---|---|---|---|---|---|---|
| 时　间 | | 农事活动内容（包括定植、水肥管理、病虫害防治、采收等） | | | | 实施人（签字） |
| 月　日 | | | | | | |
| 月　日 | | | | | | |
| 月　日 | | | | | | |
| 月　日 | | | | | | |
| 月　日 | | | | | | |
| 月　日 | | | | | | |
| 月　日 | | | | | | |
| 月　日 | | | | | | |
| 月　日 | | | | | | |
| 月　日 | | | | | | |
| 月　日 | | | | | | |
| 月　日 | | | | | | |
| 注：表格不够时可根据实际需要加页。 | | | | | | |

## C.3 农业投入品使用信息

林下间作斑兰叶生产基地农业投入品使用登记表见表C.3。

### 表C.3 林下间作斑兰叶生产基地农业投入品使用登记表

基地名称：　　　　　　　基地地址：　　　　　　基地规模（666.7m²）：

基地负责人：　　　　　　技术负责人：　　　　　记录年度：　　年度

| 时 间 | 投入品类型<br>（肥料/农药） | 品名 | 厂家 | 有效成分<br>及含量 | 施用方式及<br>666.7m²使用量 | 使用范围（局部/<br>全园）及用途 | 使用人<br>（签字） |
|---|---|---|---|---|---|---|---|
| 月　日 | | | | | | | |
| 月　日 | | | | | | | |
| 月　日 | | | | | | | |
| 月　日 | | | | | | | |
| 月　日 | | | | | | | |
| 月　日 | | | | | | | |
| 月　日 | | | | | | | |
| 月　日 | | | | | | | |
| 月　日 | | | | | | | |
| 月　日 | | | | | | | |
| 月　日 | | | | | | | |
| 月　日 | | | | | | | |
| 月　日 | | | | | | | |
| 月　日 | | | | | | | |
| 注：表格不够时可根据实际需要加页。 | | | | | | | |

# 附录四 香露兜叶（粉）
## （DBS 46/004-2022）

## 1 范围

本标准适用于食品加工用香露兜叶（粉）。

## 2 术语和定义

### 2.1

香露兜叶

采自人工种植的露兜树科露兜树属植物香露兜（*Pandanus amaryllifolius* Roxb.）的叶片，经挑选、清洗或挑选、清洗、干燥而成。

### 2.2

香露兜粉

以香露兜干叶粉碎而成。

## 3 技术要求

### 3.1 原料要求

3.1.1 原料应新鲜，无霉变、无劣变、无虫蛀，符合相应的标准和规定。

3.1.2 生产用水应符合GB 5749的有关规定。

### 3.2 感官要求

应符合表1的要求。

表1 感官要求

| 项 目 | 要 求 | | | 检验方法 |
| --- | --- | --- | --- | --- |
| | 鲜叶 | 干叶 | 粉 | |
| 色泽 | 鲜绿色至暗绿色 | 青绿色至暗绿色 | 青绿色至暗绿色 | 将适量被测样品置于一洁净的白色搪瓷皿中，在自然光线下用肉眼观察其色泽、性状和杂质，并嗅其气味 |
| 性状 | 长条片状 | 长条或片状 | 粉状 | |
| 气味 | 具有香露兜叶特有的气味 | | | |
| 杂质 | 无正常视力可见的外来杂质 | | | |

### 3.3 污染物指标

应符合表2的规定。

**表2 污染物指标**

| 项 目 | | 指 标 | | 检验方法 |
|---|---|---|---|---|
| | | 鲜叶 | 干叶、粉 | |
| 铅（以Pb计），mg/kg | ≤ | 0.3 | 1.0 | GB 5009.12 |
| 总砷（以As计），mg/kg | ≤ | 0.5 | 1.0 | GB 5009.11 |
| 总汞（以Hg计），mg/kg | ≤ | 0.01 | 0.03 | GB 5009.17 |
| 镉（以Cd计），mg/kg | ≤ | 0.2 | 0.5 | GB 5009.15 |
| 铬（以Cr计），mg/kg | ≤ | 0.5 | 1.5 | GB 5009.123 |

### 3.4 农药残留限量

应符合表3的规定。

**表3 农药残留指标**

| 项 目 | | 指 标 | | 检验方法 |
|---|---|---|---|---|
| | | 鲜叶 | 干叶、粉 | |
| 毒死蜱，mg/kg | | 不得检出 | | GB 23200.8、GB 23200.113、GB 23200.116 |
| 啶虫脒，mg/kg | ≤ | 0.2 | 1.0 | GB/T 23584 |
| 注：其他农药残留限量应符合GB 2763和有关规定对叶菜类的要求。 | | | | |

## 4 生产加工过程中的卫生要求

应符合GB 14881的规定。

## 5 建议食用量与不适宜人群

每日食用量≤30g（以鲜叶计），孕妇、哺乳期妇女及婴幼儿不宜食用，产品标签、说明书中应当标注不适宜人群与建议食用量。